《岭南文化书系》编委会名单

岭南文化书系

广府文化丛书

西关大屋与骑楼

杨宏烈　胡文中　潘广庆　著

暨南大學出版社
JINAN UNIVERSITY PRESS
中国·广州

图书在版编目（CIP）数据

西关大屋与骑楼/杨宏烈，胡文中，潘广庆著. —广州：暨南大学出版社，2012.3（2020.9 重印）
（岭南文化书系·广府文化丛书）
ISBN 978-7-81135-990-9

Ⅰ.①西… Ⅱ.①杨…②胡…③潘… Ⅲ.①民居—建筑艺术—广东省②商业建筑—建筑艺术—广东省 Ⅳ.①TU241.5②TU247

中国版本图书馆 CIP 数据核字（2011）第 191013 号

西关大屋与骑楼
XIGUAN DAWU YU QILOU
著　者：杨宏烈　胡文中　潘广庆

出 版 人：张晋升
责任编辑：潘雅琴　薛永胜
责任校对：周明恩
责任印制：汤慧君　周一丹

出版发行：暨南大学出版社（510630）
电　　话：总编室（8620）85221601
营销部（8620）85225284　85228291　85228292　85226712
传　　真：（8620）85221583（办公室）　85223774（营销部）
网　　址：http：//www. jnupress. com
排　　版：广州市天河星辰文化发展部照排中心
印　　刷：深圳市新联美术印刷有限公司
开　　本：787mm×1092mm　1/16
印　　张：13. 125
字　　数：200 千
版　　次：2012 年 3 月第 1 版
印　　次：2020 年 9 月第 3 次
定　　价：66. 00 元

（本书所涉个别图片，如属个人版权，见书后请函告出版社，以便支付薄酬）

岭南文化书系·前言

五岭以南，素称岭南，岭南文化即岭南地区的人民千百年来形成的具有鲜明特色和绵长传统的地域文化，是中华文化的重要组成部分。由于偏处一隅，岭南文化在秦汉以前基本上处于自我发展的阶段，秦汉以后与中原文化的交流日益频繁。明清以至近代，域外文化不断传入，西学东渐，岭南已经成为传播和弘扬东西方文明的开路先锋，涌现出了如陈白沙、梁廷枏、黄遵宪、康有为、梁启超、孙中山等一大批时代的佼佼者。在20世纪70年代末开始的改革开放的浪潮中，岭南再一次成为试验田和桥头堡，在全国独领风骚。

在漫长的发展过程中，岭南文化形成了兼容、务实、开放、创新等诸多特征，为古老的中华文化的丰富和重构提供了多样态的个性元素和充沛的生命能量。就地域而言，岭南文化大体分为广东文化、桂系文化、海南文化三大板块，而以属于广东文化的广府文化、潮汕文化、客家文化为核心和主体。为了响应广东省委、省政府建设文化大省的号召，总结岭南文化的优良传统，促进岭南文化研究和传播的繁荣，在广东省委宣传部的指导和大力支持下，暨南大学出版社组织省内高等院校和科研机构的专家学者编写了这套《岭南文化书系》，该书系由《广府文化丛书》、《潮汕文化丛书》及《客家文化丛书》三大丛书共30种读本组成，历史胜迹、民居建筑、地方先贤、方言词曲、工艺美术、饮食风尚无所不有，试图从地域分类的角度完整展现岭南文化的风貌和精髓。在编写过程中，我们力图做到阐述对象的个性与共性相统一，学术性与通俗性相结合，图文并茂，雅俗共赏。我们希望这30种图书能够成为介绍和宣传岭南文化的名片，为岭南经济和文化建设的再次腾飞提供可资借鉴的精神资源。

需要说明的是，本书系曾获批为2009年度“广东省文化产业发展专项资金”资助项目，在项目申报和丛书编写过程中，广东省委宣传部的领导多次给予指导，并提出了许多宝贵的意见；中山大学、华南理工大学、华南师范大学、广州大学、韩山师范学院、佛山科学技术学院、韶关学院、嘉应学院以及暨南大学的有关领导和专家学者也给予了大力支持和帮助，在此我们一并致以诚挚的谢意！

《岭南文化书系》编委会

2011年6月18日

探寻保护历史建筑的新政（代序）

常言“宇宙”者，建筑也。据《宅经》所说：“宅者，人之本。人因宅而立，宅因人得存。人宅相扶，感通天地。”宅者，建筑之代称，人的“第二躯体”。从物质到精神，从生理到心理，从自然到人文，建筑都是人的生命本身与社会活动的载体。

西关大屋、竹筒屋、骑楼，是近200年来广府地区建筑文化的结晶。它们记载着从清末到民国，并延续至今的一段历史。通过它们，广府人与大地、与自然进行了很成功的对话；通过它们，广府人很明确地从古代社会转入了近代社会，并适应了当代社会；通过它们，广府人从容地迎来了城市的近代化和农村的城市化建设。作为一种地域文化的历史脉络，只要广府人存在，它们就还要延续下去，其传统基因就能被接受、吸纳、衍化、发展，为当今社会所用，为当今的民众带来幸福。这是事物发展的科学规律。“大拆大建”看起来轰轰烈烈，其实不属于科学的发展模式。

本书作者是搞古建筑保护与维修的实干家。他们感受到，在许多地区文物保护工作中，资金缺乏和技术缺乏可能是最突出的问题之一；而在当今的广府地区，如顺德，这种情况却并不严重，反而是现有的文物保护法律法规，似乎有形无形地困惑和拘泥着全社会积极参与和推动的文化遗产保护大行动。人们大可亲手触摸、亲眼看到，作为公共（文化）建筑之一的民间祠堂遍布顺德城乡，至今仍存留有660余处，始建时代距今近千年至百余年不等；水乡风貌的古村落中，老百姓身边还保留着大量的古民居、古桥涵、古码头等优秀的历史文化遗迹；城乡大量的传统民居和骑楼建筑也是珍贵的历史文化遗产。

它们是联系百姓社会与历史的一条条用血缘编织的纽带。

然而在这些遗迹中，除了很少一部分被列为文物保护单位外，绝大部分只被视为普通的历史建筑，无法享受到只有“文物”才能享有的法规保护和礼遇，在不科学的商业开发中随时都有被拆毁的可能。有时群众自主修缮与改建，因技术、材料不当，累积了数百年的历史痕迹被全新的面貌所取代，这也是一种文化资产的流失或变相的损毁。

近年来，由一批年轻的志愿者组织并发起的群众性的保护西关大屋、保护骑楼大行动，在广府地区激起了巨大波澜，得到了广大群众的积极支持和广泛响应。然而，由于现有的文物保护法规政策之不足，对于未列入文物保护单位的历史建筑，还缺乏法令性的具体保护细则。这也正是包括顺德在内的全国广大地区近年来城乡建设改造中普遍存在的实际问题。此况无奈已久，我们能否找到一个好的办法，既不要政府投资，又能保护古迹遗产呢？

广府地区的许多城市，承担着开展综合改革试验工作的重任，应在此方面坚持“科学发展、先行先试”的创造新法，“敢为天下先”。这里毗邻港澳，同声和气，同属广府文化体系，完全可借鉴香港现行相对完备的古物古迹保护法规体系，引用香港法规体系中的“假定古物”、“暂定古迹”法律名词，引申出“必须保护类历史建筑”、“宜保护类历史建筑”、“一般性历史建筑”等概念，完善和补充内地文物保护工作中相关政策和具体实际操作上的不足，把大量非文物而有文物价值，能更好地体现名城、名镇、名村历史风貌的西关大屋、商住骑楼以及所有“准文物”、“泛文物”、“待定文物”、“暂定文物”保护好，推出一方保护历史建筑的新政，不正是功勋盖世的政绩吗？缺的不是钱，缺的是新政之法规也！

值《西关大屋与骑楼》出版之际，有感写下以上这些话。是为序。

张亦功

2011 年 10 月

目 录

一、生态和谐

——广府民居的营造理念

建筑，为人所建，为人所用。它联系着人们世世代代的生活和生产方式，联系着熙熙攘攘、纷繁社会的意识形态，联系着约定俗成、习以为常的民俗风情……所以，建筑是一种文化现象。建筑的外部物质层面联系着各种生产技术、材料工具，建筑的中间制度层面联系着各种规章条例、法律关系，建筑的思想核心层面联系着各种社会观念、审美价值。广府文化圈自有广府建筑及广府建筑文化。西关大屋与骑楼就是广府地区最有代表性、渊源性、现实运用性的广府建筑。为此，我们必须了解它们的来龙去脉、本质特征、艺术形态以及相关的环境条件与可持续发展的动力因素。

（一）广府民居发展的基本状况

在中国的气候分布图上，岭南在东亚季风气候区南部，具有热带、亚热带海洋性季风气候特点。由于南岭横绵，岭南地理气候迥异于中原地区，北回归线横穿岭南中部，高温多雨为岭南主要气候特征。岭南大部分地区夏长冬短，终年不见霜雪，太阳辐射量较高（年太阳总辐射量约110～120kcal/cm^2），日照时间较长（广东全省各地的平均日照时数在1 450～2 300小时之间）。岭南风向随季节交替变更。夏季以南至东南风为主，一般风速较小，但时有太平洋中西部生成的热带风暴侵袭，风速强劲，破坏力强，并伴随强降雨；冬季大部分地区以北至东北风为主，风速较大；春、秋季为交替季节，风向不如冬季稳定。因全年气温较高，雨水充沛，所以林木茂盛，四季常青，百花争艳，各种果实终年不绝，植物资源非常丰富。丰富的植物资源也为动物生长提供了有利的条件，岭南动物种类较多，是全国动物最繁盛的地区之一。

广府文化是岭南文化的重要组成部分。广府文化圈主要涵盖珠江三江下游和西江中游大部分地区。“五岭北来峰在地，九州南尽水连天”的诗句，形象地刻画了广州所处的地理位置。以广州、佛山为代表的珠江三角洲地区（图1－1），乃广府文化的核心地区。“同饮三江水，同是三江人”，他们有着共同的建筑文化信仰。

处于这种地理气候环境中，广府建筑必须具有特定的文化适应性，从而形成一定的地域性特征。这些都是事物的本来规律，我们必须深刻地认识它、利用它。

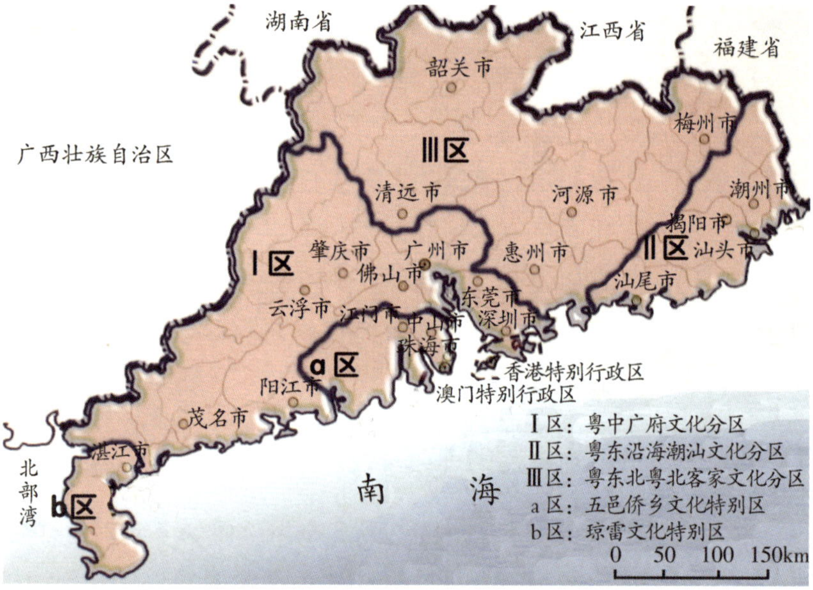

图1－1　广东文化圈分布图

1. 从山上来，面向海洋

古越人定居生活从山地推及珠江三角洲，即从洞穴蜗居进入了原始房屋营造阶段。其中之一就是红烧土面或硬土居住面的半地穴居形式，自早期的木骨泥墙、沿海沙丘至晚期的窝棚建筑都属于此种形式。其中之二就是干栏建筑，可免受地面潮湿侵害、躲避洪水猛兽。参观汉代出土的众多陶屋模型，我们可以联想到当时木结构穿斗、台梁式建筑：干栏式的仓、廪，悬山顶的住宅，四坡顶与草编伞顶的井亭和围，日字形、曲尺形、三合式住宅，以及四围高墙、门楼和角楼之墙垣开有瞭望窗的坞堡及堡内住宅（图1－2）。形式多样，造型不俗。

图1－2　广府地区出土的汉代陶屋模型

广府人大多是由早期移民与古越族杂处同化而成。广府文化以珠江三角洲最为典型：既有古南越传统，又受中原汉文化化育，还受西方文化影响，呈现多元的构成因素。广府民系分布在西江、北江流域及珠江三角洲地区。两宋以后，珠江三角洲的开发已初具规模。到了明代，珠江三角洲已成为岭南著名的粮食和经济作物的生产基地，顺德、南海、中山、番禺等地桑基鱼塘农业驰名于世。因有广州这个世界贸易大港为依托，农副产品和手工业产品市场广阔，产销活跃。明清时期，珠江三角洲的农业生产商品化倾向日渐明显，成为岭南最活跃、最具商品意识，因而最富有反传统精神的地区。广东近代工业，主要是从19世纪末期的珠江三角洲一带兴起的，经济发达、人文兴旺，一直居于全省优势的地位。广府文化的中心城市广州，自古以来是广东乃至岭南地区的政治、经济和文化中心，在城市建设、园林艺术和建筑技术等领域，表现出悠久的历史渊源和鲜明的个性特征，给人以丰富多彩的感受。

由于最晚从汉代就开始与海外文化不断接触和交流，故广府人在

岭南的三大民系中最具开放性，比较易于接受外来新事物，敢于吸收、模仿和学习西方的物质文明和精神文明，并与传统文化相融合。广府人还具有敢于探索和尝试的拼搏精神，视野较为宽广，思路较为开阔，商品意识和价值观念较强。广府人最早受到海外，尤其是近代西方先进文化思想的影响，得风气之先，具有创新精神，近代早期就创建出了中西结合的民居建筑、商业建筑、工业建筑，体现了兼容并蓄的风格。

因古代岭南与中原交通困难，较少受到中原政治风波的影响，经济发展一直较为平稳，使得岭南建筑文化形成了独特的地域特色。广府民系早期的居住建筑，受江南地区影响明显。追求五代同堂、合家而居、世代相传，使得建筑为满足这种居住模式而形成一种相适应的组合形制。应运而生的“三间两廊”民居，外部封闭规整、内部独立开敞，自然成为珠三角地区大中型住宅的基本格局。东莞虎门镇村头发掘的明末清初民居遗址就是三间两廊式。整座房屋平面为规正的长方形。两廊之右廊开门与街道相通，左廊作厨房。砌墙的材料有三合土、卵石、蚝壳、青砖等。佛山独有铸铁泥模为墙体，这是佛山冶金业发达，利用了当地冶铁副产品的缘故。

2. 对外封闭，对内开敞

长期的封建社会不仅造就了民族特性，也造就了建筑的基本形制。院落式建筑布局几乎运用于所有类型的建筑群之中。中国人，当然包括广府人，生活在封建社会的大环境中，怎样做人、怎样生活、怎样处世、怎样构建一个安身立命的自我小宇宙，自然反映到居住建筑物的空间组合与装饰标志上。出发点、思想宗旨一样，基本形制就不会出其左右——院落式较为合适，必然首选采用。然后根据各地自然条件、生产条件，营造出不同风貌特征和不同规模的院落式民居。岭南虽然山高皇帝远，但广府民居依然遵从以上原则。

广府民居通常指大珠三角地区、粤西地区的建筑，跟粤东的客家建筑、潮汕建筑有很大的区别。广府民居通常符合通风与阴凉的要求，这是岭南建筑的共同特点。大型的“三间两廊”住屋往往以数座连缀成庄园式的建筑群落。佛山石湾建国街的廖家围就是一个典型。廖氏家族从明代起便迁居此地，以经营蒸酒、养猪及陶窑为业，富甲一方。廖家围庄园全为镬耳封火墙、密梁、石脚的明庄屋。最兴盛时，家族人丁500余口，明庄屋27座，庄内还有多座祠堂和花园。建国2～4号为保存完好、格式一致的一排“三间两廊”屋宇（图1－3）。

图1－3 廖家围山墙、屋脊的“鳌尖”

现为全国文物保护单位的佛山东华里大屋群，也是值得参观的古典建筑。清代街道东华里，原名杨伍街，为杨、伍两富户所有，今街内仍存杨、伍祠堂及书宅等建筑，乾隆年间改街名为东华里。嘉道年间骆姓家族迁入，道光年间官至四川总督的骆炳章对东华里大加修整。清末富商招雨田家族迁入东华里再行修筑，东华里日渐成为佛山著名的街坊。东华里长约150米，首尾皆建门楼，仍保留道光二十三年（1843年）街额。沿街两旁布置竹筒式（三井三庭）房宅，构成三座“三间两廊”式的居屋纵向组合。小间距、深遮阳、内天井、重庭院、高山墙、透花门、青石板、水磨青砖等，构成了能产生穿堂风、后院风、弄巷风、井庭风等通风效果的居住环境。

三水区的大旗头村，至今还有保存完好的“三间两廊”式民居建筑群（图1－4），服务对象为更大规模的郑氏家族，而不仅仅是一个大家庭。南海区苏村的康有为故居、南海区简村的陈启沅故居、佛山城区良巷11号的李文田故居，都是清代三间两廊二进式院落名人建筑。

图1－4 三水区大旗头村镬耳山墙

明清两代，人们只要有了钱，发了财，就会建造一所镬耳屋来显示其富有与气派。城市中的代表性建筑就是广州西关大屋。所谓西关，是老广州人对位于荔湾区，北接西村、南濒珠江、东自人民路古城墙、西至小北江，明清时地处广州城西门外一带地方的统称。东西约以今龙津路为界，西关分为上西关和下西关。上西关地势较高，下西关地势较低。明代已有繁盛的十八甫，明末沿江处已形成十三行。清代中后期起，西关先后兴建了宝华（街）、逢源（街）、多宝（街）等居民住宅区，西关大屋和竹筒屋等广州典型的传统建筑便应运而生了。由于此类建筑以西关一带居多，故称为“西关古老大屋”，泛称“西关大屋”。西关大屋的出现，表明广府民居发展到了比较成熟的程度。

3. 外来文化渗透，内部基因微变

当广府建筑文化基本上遵循封建制传统模式发展的时候，岭南之地的传统建筑尚没达到中原标准，审美趣味略有不同。当世界进入海洋时代，外来文化的渗透、传播，使广府建筑领先于内地出现了内基因的变化。

清代以后，因城市发展、用地狭窄，致使传统民居的结构组成出现许多删减变化。有的减去一廊一间，有的少了一进一院，于是就出现了新的居住平面类型。为了增加建筑面积和使用空间，古老的建筑开始向空中发展。新型材料的出现，带来新的建筑形式。时代不断发展，传统文化亦将不断出新。只有在传统基础上提升的建筑，才具有永恒的艺术魅力。

位于广州西关的大中型富户住宅的原形就是“三间两廊”大屋。这是一种为适应城市用地条件限制，满足种族繁衍、添置人丁的居住需求，适应在家设宴待客、对外经商交往活动的需要，在三间两廊基础上，运用当时先进的建筑技术、建筑材料，加以改建、扩建，增高、瘦身，造型“洋化”等处理，以适应郊区城市化、社会近代化而形成的一种住宅模式（图1－5）。

图1－5　近代的西关大屋

西关地区的民居建筑文化内涵十分丰富，历史十分悠远。它从广府民居建筑中走来，又面对着现代化的城市发展趋势。当人们还没能全方位了解它的生存价值的时候，不应过早地对西关大屋加以否定。研究西关大屋建筑物理特色、空间环境艺术、施工构造技术，实现可持续发展才是正确的世界观与方法论。

让我们从西关大屋的大环境说起吧！用“生态和谐、亲水自然”八字来概括，是很合适的。

（二）广府民居选址的亲水原则

人类文明起源于水边，人类的建筑活动也与水结下了不解之缘。每一个地方的江河水系都会形成自身特色，在其整个发展的时空体系中，孕育出当地文明。

1．河海相通，水网密布

岭南河流众多，具有流量大、含沙量少、汛期长、径流量丰富等特点。这些河流绝大多数源自西北部、北部和东部的崇山峻岭中。岭南最大的河流珠江，是中国第五长河，流量仅次于长江，居全国第二位。南岭水系基本上都汇于珠江，珠江由东江、北江、西江三条大江组成。东江从东向西、北江从北向南、西江从西向东汇集于珠三角地区，然后分九大海门入南海。岭南环境水色淋漓，珠三角河网密布，南海苍茫无边，这里夏天漫长、冬天不冷，木棉花、大榕树包围着城镇乡村，建筑与水环境乃成为岭南最普遍的风景线。人们的生活离不开水，而且古代的河涌中，有丰富的水产供人们维生。从现在已经发现的珠江三角洲古代人类居住遗址看，人类群居的选址有很明显的亲水性（图1－6）。

在人类生活的衣食住行中，住的条件是最影响人们的生活质量的。人们总是寻找宜居的环境作栖息地，人类因此能休养生息与繁衍后代。随着人类智慧的增长，人类的居屋从洞穴到窝棚，再到简易家居建筑、多功能家居建筑，人类的家居都体现了适应自然、利用自然的宜居特性。从广州

图1－6　岭南水乡景观

附近珠江三角洲一带遗留的石器时代的人类居住遗址，以及从广州西村汉墓出土的陶屋，到广州老城区中曾经有过的西关大屋、骑楼，到今天的高层住宅小区与洋房别墅，我们可以从中看到广府民居建筑的变迁与进化。

广州飞鹅岭新石器时代遗址，位于龙眼洞华南植物园内。遗址东南面有宽约 15 米的河溪流过，从北向南，经车陂流入珠江。在这里曾出土大批新石器时代的磨制石器和陶片，还有残青铜斧刃部一段。据中山大学李始文教授等专家考证，这是 2 200—4 000 年前的新石器时代遗址，下限不晚于西汉初期，约在春秋战国期间。出土文物和火烧土显示出当时这里居住的人群从事农业的刀耕火种和狩猎、捕鱼等生产活动，同时还学会了制陶、纺织等工艺。

2. 以海为生，靠水吃水

在佛山市也发现了多处贝丘遗址。所谓贝丘遗址，是古代人类居住遗址的一种学术名称，以遗址内包含大量古代人类饮食剩余抛弃的贝壳为特征。这些遗址也必然位于江河附近，江河为古人类提供了大量可以维系生存的水产食物。珠三角地区的地理环境正是十分适合这些“贝丘遗址”当年的选址定位。禅城区石湾河宕村贝丘遗址还被认定为省级文物保护单位，它离石湾水道和佛山水道的河涌都不远。高明古椰贝丘遗址位于佛山市高明区西安街道古椰村东北鲤鱼山侧，1984 年开挖鱼塘时发现，面积约 7 000 平方米，文化层厚 0.55 米，含大量贝壳。出土石器有砍砸器、刮削器、石斧、石锛、石凿和砺石等，陶器有夹砂粗陶片（印纹多为叶脉纹），还有猪脊骨、鳖壳等动物遗骨，属新石器时代晚期遗物，距今约 4 500 年。上湾贝丘遗址位于佛山市高明区富湾镇上湾村土名福旋岗（蚬壳岗）脚，面积约 1 000 平方米，1958 年修水利开渠时发现，含大量贝壳，出土有夹砂粗陶釜、罐、器座（印纹多为绳纹，部分有火烧痕迹），还有动物遗骨，属新石器时代晚期遗物。

3. 干栏建筑，适山适水

肇庆市高要茅岗水上木结构建筑遗址，位于茅岗山的南北两面山脚的鱼塘中，总面积近 5 万平方米。这是岭南首次发现的水上干栏式木结构建筑遗址。遗址为长方形，依山临水，靠山一端略高，作居住用，临水一段稍低，作捕捞用。遗址原建筑是以木柱支撑，横木穿连柱子，其上再以板材铺架，棚面上构建木框架，再用树皮、茅草盖顶。据专家推断，其年代在战国时期至秦汉之间。在该遗址出土了大量古遗物，分别有木器约100根（件）；人类遗骸的顶骨、额骨、眉弓骨、右下颌骨及三枚臼齿；石器有斧、锛、凿、镞、环、球、砺石等60多件；骨器10多件；陶器的釜、罐、盆、纺轮、器物座、圆形饼等20多件；竹篾编织器、残片、草席残片、蔑绳残段等物件一批；还有猪、牛、鹿、羊、象、刺猬、青鱼、鳄鱼等鱼、兽的骨和牙齿。另外，还发现一批渔猎工具和一面45.6米长、2至3米宽、2米多厚的贝、蚌、蚝壳堆积层墙。蚝是海洋生物，有蚝壳的地方应与水环境有关。遗留的临水干栏建筑曾是水上人家一景（图1-7）。

图1-7　岭南“水寨”建筑

珠三角居民点几乎都是河涌水系滨水环境。广州市区自古水网纵横，共有231条主要河涌，总长913千米，分别汇入流溪河、白坭河及珠江广州河段，主要分布在越秀区、荔湾区、海珠区、天河区、白云区、黄埔区。历史上，这些河涌与人们的日常生活息息相关，肩负着城市防洪排涝、纳潮、灌溉与航运的任务；这些河涌同时又是居民生活的后巷，取水、洗涤、出行乃至休闲娱乐等日常生活的内容，都在河边展开。

4. 依山环水，榕荫匝地

广府民居建筑的多样性也体现在人类的增殖或分支发展过程中。《增城地名大全》在介绍新高埔时这样写道：该村……距荔城西北二十三千米，呈半月形聚落，因村民从高埔村迁出建新村，故名新高埔。今有张姓村民在此聚居，形成新的居民点，因携带原部族的文化传统基因，而创造了多样集群的建筑样式。新高埔村是增城整体风貌较完整、规模较大的广府民居古建筑群（图1-8）。该村占地面积2万多平方米，坐西向东，依山环水，是极为罕见的有护村濠涌（引后山不远处水库水)、碉楼的古村落，村由前至后依次分布有半月形水塘、禾坪(晒谷场)、屋脊塑龙的门楼、围墙、村旁龙归古庙，村前有一条麻石街。细观门楼可以看到有清代官式装饰，主要有龙、凤、狮、天马、海马、狻猊、獬豸等。可见海洋文明、中原文明、本土文明等所孕育的多样化的建筑元素汇集在此，共生共荣。

图1-8　新高埔广府民居

广府建筑的大部分村落都是梳式布局，或者称平面网格布局，整个村落的形式是以一个巷子为中轴，民宅在巷子两侧，一个院落套一个院落，与北方的四合院相比，广府建筑的房子都是三合院。宗祠是整个村落的精神核心，此前设宽阔的“石地堂”(小广场)。而且，村前有水塘是所有村落的共同特点。水池边和村头村尾进出路口种上大榕树也是惯例，还有龙眼、荔枝的绿色巨伞对抗着岭南烈日，荫护着世世代代村民的生活。榕树之下的空地向来是仅次于宗祠的重要的民间文化传播场所。榕树跟村落、榕树跟广府民众文化活动也结下了不解之缘。几乎每一个广府人的童真时代都与榕树下的故事相伴随。从图1-9中，我们还可看到一个有趣的现象。榕树与木棉配种，木棉有逢树高一筹的特性。每每入春，人们总可看到“落叶开花飞火凤，参天擎日舞丹龙”的美景。

图1-9　榕树与广府建筑

5. 一湾绿水，八桥风光

西关自古多水，建筑自然是离不开亲水性的特征。早在汉初，汉大夫陆贾就奉命南下，与南越王和谈，谋求中国统一。陆贾经灵渠等水路抵达广州时，就在珠江的增埗河畔西浒（今西场）建起城寨，傍水而居，与南越王开展了会谈，古称陆贾城。五代十国时期，南汉王刘龑就在今西关荔枝湾、昌华地区一带，建起了皇家夏日消暑园林昌华苑。园林内建有殿堂水榭，每逢夏天，在此大办荔枝宴，欣赏岭南特有的“一湾溪水绿，两岸荔枝红”的美景（图1－10）。

图1－10　今日水乡荔枝湾

广州历代西关建筑多临近江岸，以利蕃舶装卸货物。早在明代广州城西南护城河由玉带濠与西濠涌构成，其相汇处就在今上下九路之南，再往西在今十甫路与文昌路交接处，是南海神庙（俗称西庙）所在地，庙前是珠江水道，可方便水上人家上岸活动与求神祈福。明怀远驿选择在城西南的江岸兴建，正当码头区。广州古城西南部临江处多属珠江水道的沉积地。明驿馆所建地点为蚬子步，表示昔日为河床中部沙层堆积地点。因“步”即“埗”，为船只上岸登陆地点。蚬子即河蚬，河蚬常在河床沙层中生长，群生。大量的钻探资料和开挖资料表明，怀远驿北面的上下九路这时已为河岸区，至今不少房屋底下埋有大量蚝壳，沉积厚度在4米左右。

至清代，西关荔枝湾一带虽然已经没有了官家园林和城寨，但这种依傍美丽的西关河涌而居的皇家时尚，转而成为西关民居的时尚。西关地区的西关大屋住宅区基本上分布在满布河涌的下西关地区，因当时河涌基本没什么污染，靠水而居，有利于花园花草生长，别有一番诗情画意。同时，由于河涌能通船艇，交通要道都有桥梁，因而交通也很方便。清代，尚有很多文人墨客咏西关古桥和荔枝湾美景的诗词。如蔡士尧有咏西关八桥——汇源桥、蓬莱桥、牛乳桥、大观桥、三圣桥、志喜桥、永宁桥、德星桥的诗作，更赞誉这种古桥旁如诗如画般的宜居美景。如《大观桥》诗云：“桥心月色灿流霞，桥外东西四大家。宴罢画堂归去晚，红灯双导绛舆纱。”《三圣桥》诗云：“苍梧嵩祝赛神君，百种梨园献技纷。士女如云四月八，第三桥畔蹴湘裙。”

广州西关大屋分布密集的区位乃当年河、涌、湖、池等水体要素非常丰富的城市郊区，或者说是现今所在城区最先的建成区、最先发展的原点。荔湾区的荔枝湾是当年羊城八景之一“荔湾渔唱”的风景区。这里有“四面荷花开世界，几湾杨柳拥楼台”的上千亩湖面，这里有“柳波移棹忆良游，荔熟荷香月满楼”的十里画廊柳波涌，这里有虹桥飞度的驷马涌，这里有“一湾清水绿，两岸荔枝红”，画舫不歇的荔枝涌，这里有“泮塘五秀”、名园辈出的水景园林湖山胜境。当年因对外开埠、通商联谊而发家的广府人家争先在此营造家宅府邸，西关大屋的建筑模式深刻记录下那个时代的社会生活情景。西关不仅是一派“绿水弯弯、红荔片片”的自然景观，也有满湖轻舟游荡、笙歌缭绕的人文景观。

“一湾清水绿，两岸荔枝红”，成了西关大屋的大本营。

6. 海出珠岛，南华有屋

图1－11　南华西街的南华大屋

广州海珠区南华西街是西关大屋较为集中、质量上乘的所在地。这里北临珠江前航道，西有珠江后航道。由此南去，街区内有漱珠涌蜿蜒穿过。清代十三行时期，这里有行商兴建的富含水景特色的古典园林。由于水环境秀丽荟萃，故有大批的“西关大屋”在此兴建起来，形成了今天百万人口的海珠区最先的城建区发祥地。这里乃不是西关的西关，说是南华大屋也未尝不可（图1－11）。今天的海珠区就是在此基础上发展而成的。

（三）广府民居文化的地域特征

广府地区，尤其是珠三角号称岭南文化的集中地，这说明这里的建筑文化集中体现了岭南文化的特征。好似岭南千山万水汇集珠江一样，这里汇聚了丰富的本土建筑文化；伴随北方荆楚吴越文化不断南迁，这里承续了中原建筑文化的精髓；迎来每年的南海风，东西二洋的海外文化也给这里的建筑增添了异样的光彩。广府民居文化的地域性，孕育了南粤风情、西关民俗，她们像岭南佳果芳菲四溢、沁人肺腑，她们像南国红豆秀色光鲜、相思感人。我们热爱自己的故里、故居。她们是抚育我们成长的摇篮，她们是培育我们壮大的沃土，她们母亲般的慈容是天涯儿女永不忘怀的回忆。我们虽然住上了百米高的楼宇，但我们的居住文化永远亲吻着珠江流域的土地。

1. 丰富的建筑样式

古代民居建筑，由于用料因陋就简，多使用竹、木、泥、石、蚝壳等天然材料，加上群居选址的不断变迁与房屋的代代更新，清代之前能保留下来的建筑极少。肇庆市高要茅岗水上木结构建筑遗址，因被埋于鱼塘底而得以保存大量木柱，使人们得以了解其结构。而20世纪50年代在广州西村等地出土的大量汉代墓葬陶屋的模型，则生动地揭示了秦汉时期广府民居的结构特色，不但单栋建筑精练，地板呈架空层，有的还有小阁楼，而且组合式、围合式不少（图1－12）。民居建筑院落空间的营构，可谓历史悠久、源远流长。

图1－12　广州地区出土的汉代陶屋模型

从空间结构上看，这些陶屋有多种形式：①单间的干栏式住宅，即用多根木柱支撑起的离地小房子，其离地空间除了起着防水、防潮的作用外，还可用来饲养家禽和堆放杂物；②复合间隔的干栏式住宅，此种与单间的干栏式住宅基本一样，不同的只是房间较大，不单是一个房间，而是几个房间的组合；③单层的曲尺型住宅，曲尺型的留空部位围起作院子，用作饲养家禽和堆放杂物等；④三合式住宅，由曲尺型发展而来，一堂两室组合，前堂连着后两廊室，左边廊屋做厕所，右边廊屋做畜舍。两廊间的留空部分围作后院；⑤底层楼阁式住宅，是两至三层的房屋，屋顶有双面坡、四面坡，结构较复杂；⑥城堡式（或客家围屋式）住宅，是外围高墙住宅、中部有院子的结构，特别有利于防悍匪和战乱。

从设计特色上看，秦汉时期广府民居设计首先考虑实用的功能，睡房、厕所、畜舍、院子等均满足人的基本生活需求。其中炉灶设计，从今天的角度看，是充分利用余热，灶身两侧通常都会设计出摆放几口缸、坛的位置，利用灶膛的其他部位热力温水。其次充分利用自然的光、风，来满足人的居住需要。岭南天气炎热，住宅建筑很注重通风。不少房屋最上部位的墙，开有通风窗，能与下面的门、堂、廊形成自然的通风通道。干栏式的设计，则是对岭南地区多雨、多突发性洪水、潮湿等气候的最好防范。井口加盖防护小亭，人打水时可免日晒雨淋。当然，随着建房选址注意防雨、防洪，以及住宅地基选用了石板防潮，干栏式建筑也就慢慢消失了。

2. 适应亚热带环境

岭南气候炎热，风雨常至，民居一般为小天井大进深，布局紧凑的平面形式。广府风格的古民居通常是一个家庭几人至数十人居住。通常符合通风与阴凉的要求是广府民居的共同特点；其次就是依据自然条件包括地理条件、气候条件，体现出的强烈的防潮、防晒的特点；还有就是大量吸取西方建筑的外廊式艺术，体现了兼容并蓄的风格。

广州的西关民居在清末形成了独特风格的西关大屋。内部布局紧凑，间隔灵活，利用了空气热压原理形成天井风、利用管道流体力学原理形成穿堂风，利用烟囱原理开设天窗换气排气，利用冷巷的峡谷效应创造了有利于自然通风的过道空间，利用减少热辐射、隔热原理创造冬暖夏凉的居住小气候环境。所谓生态化手法、绿色理念、节能原则、可持续发展等现代时髦的口号，似乎在此都能得到很好的诠释。

高大的封火山墙有很多种样式，是南方民居及其他建筑的一大造型特色。墙头都高出于屋顶，轮廓作阶梯状，变化丰富，有一阶、二阶、三阶之分。封火山墙的砖墙墙面以白灰粉刷，墙头覆以青瓦两坡墙檐，白墙青瓦，明朗而气派。更重要的是，封火山墙发挥了消防、隔火的作用。

从出土陶屋模型可以看出，当年居住在广府地区的先民充分利用了各种天然材料的特性满足家居建筑的实际需要。

从建筑装饰看，主要体现了大方、实用的特点。即使有一些艺术性的装饰和信仰上的装饰，也充满着理性与浪漫的交织、技术与艺术的结合。如有的干栏住宅，下部柱子的承重作用，处理得十分巧妙合理，多余、无效的内力弯矩几乎等于零；神秘的吊脚柱、断梁殿、高层塔等现象，内含科学的结构力学原理。

从建筑材料看，秦汉时期广府民居的住宅建材主要还是就近取材，用司空见惯的泥土来烧制砖瓦。花岗岩（广州人叫麻石）和红砂岩均为大自然的赐予。两种石料分别呈青色和红色，常用于要求防水的部位或构件。天然建筑材料色泽柔和、贴近自然。“厌恶黑暗，追求光明”，更多的时候，这是某种政治词汇。建筑学上阴影、遮阳、围护等设施和做法，往往被莫名其妙地颠覆掉了。君不见现代建筑的某些玻璃屋顶、玻璃雨篷、玻璃幕墙、玻璃楼板、玻璃拦河恰恰是最没有科学性的，这不但违背环境心理学、视觉美学、行为科学，违背建筑物理学、节能原则，而且有损身体健康、有损物质财富。

3. 融合中西方技术

广府民居风格在南宋以后逐步建立起来，至清中叶已经相当成熟。其主要形式是布局整齐的梳式布局村落和三间两廊式的合院。村前有风水池塘，中轴线前端布置大祠堂，成为整个村落的构图中心。整齐通畅的巷道发挥着交通、通风和防火的作用。镬耳式的山墙此起彼伏，形成蔚为壮观的广府民居特色。岭南园林独树一帜，可游可居，在拥挤中求疏朗，在流动中求静观，在朴实中求轻巧，在繁丽中求淡雅。

江南民居建筑毕竟是我国最为先进的民居之一。到达江浙经商、为官的广府人士，或到江南务工的工匠，不愧为广府的精英代表。他们能将江南民居建筑文化中优秀的东西领会、贯通，带回岭南，融汇

到原创的院落式建筑中，发展成后来的西关大屋。

西关大屋有哪些地方吸收了江南民居的优点呢？

其一，园林与居屋相结合。这样的实例在广州虽然难于找到，但史书记载不少。宝华正中约的荣耀大屋就有诗歌为证，大屋之旁设有私家园林，园中建有亭台、水榭，与环境天然和合。珠三角的其他城市现存的岭南四大古典名园，都是住宅与园林配合的佳例。梁园、馀荫山房等园林艺术就是受江南园林影响的典型，它们的居住建筑又同西关大屋自有某种必然联系。

其二，建筑平面中轴线上布置“门官厅—轿厅—正厅”的格局，西关大屋就与苏州大宅十分接近。类似西关大屋的青云巷，在扬州地区人们习惯称为“火巷”。又如墙的造型风采，江浙徽的马头墙与广府地区的镬耳山墙有异曲同工之妙。

其三，厅堂檐部处理法式。西关大屋正厅、轿厅和书房等敞口厅的前面，通常都有一个1米多深的檐廊，其天花做成船篷形状。《营造法原》记载：“厅堂较高而深，前必有轩。”西关大屋的这种造法，可能受苏州大宅厅堂造法的影响。苏州园林厅堂的这种样式是极其精美的，一定被广府人当成了学习的范例。

其四，室内装饰的艺术追求。西关大屋的室内装饰，集工艺美术之大成。一是因为有经济实力，二是因为自身手工艺高度发达，三是受江南文化的感染。清代屈大均《广东新语》卷十六《器语》记载当时流行“苏州样，广州匠”的民间谚语，意味西关大屋的木雕、石雕、砖雕、陶塑、灰批（灰塑）、壁画、石景等民间手工艺都用到了室内装饰方面。

西关大屋诞生于清代中后期①，这一时期中外贸易不断发展，国外建筑材料大量进入广州。建造西关大屋的主人因富裕而首先运用进口材料和室内外建筑设备。也许文化时尚具有必然的传染力，广府地区的建筑较早进入近代，普遍表现出融合中外技术、展示异国风情的格调（图1－13）。

当清朝的封建统治被推翻以后，中国建筑，尤其是民居建筑才开始大胆地学习、模仿西方建筑技术、艺术。相比之下，特别是广府民居建筑同商业建筑结合后，广府地区学习西方手法的热情和兴趣一直

① 詹天佑家史记载，清嘉庆年间詹家曾于西关十二甫建造大屋。

不减，西洋建筑风格的追求和合理运用方兴未艾。这种现象不能简单地指责为崇洋媚外，或丧失民族自信心的表现。文化，不管是中国文化还是西方文化，只要对人类有好处，就应该学习、借鉴、吸收，为我所用。

图 1－13 早期西化的西关大屋

广府地区侨乡很多。因广大华侨的投资，通过南洋、香港等地转口引进大量国外建筑新型材料，促使广府地区的民居、商业骑楼、公共建筑，都大胆地运用西洋风貌的建筑技术建造。钢筋、水泥、玻璃一改传统砖木结构建筑的局限性，揭开了中国建筑近代史的序幕，书写了中国建筑史上的新篇章。清末民初的西关大屋，在很多部位使用了西式造法。如玻璃通花、铁通花、蚀刻彩色玻璃等新型材料需从英、法、比利时等国进口，刻画内容却是我国传统的书画图案，装饰在满洲窗、槛窗、屏门等处，既透光，又遮挡干扰视线，还给室内增添了一层奇幻的光影效果。今天这种装饰工艺反过来却受到外国人士的青睐，成为我国出口世界各国的名贵工艺品。

后续的中西合璧的竹筒屋、欧式风格的小洋楼、商住共用的骑楼街，大多新式商铺、新式剧院等都记载了中外建筑交融的历史事实。你看那仿西式的铸铁栏杆、精琢细缀洋味儿十足的罗马柱、山花、额坊、西式卷草纹饰，一一折射出西风东渐、市井开化的文艺复兴生活气氛。

后来的建筑越来越精彩，但也绝不能让我们忘却过去的历史。西关大屋的真、善、美，西关大屋的优点和文化内涵，也是任何时候都不能被否定的。没有西关大屋就没有竹筒屋、就没有骑楼。高级建筑师卢文聪说："西关大屋是我国岭南建筑宝库中的一件瑰宝，是当时广州地区文化技术和劳动工匠们集体智慧的高度结晶，在我国的住宅建筑史上，它应占有一定的地位。"①

① 广州市荔湾区地方志编纂委员会办公室．别有深情寄荔湾．广州：广东省地图出版社，1998.

4. 传承地方民俗风情

从西关大屋的历史演变中，我们可以看到与之相关的西关民俗风情得到了“传、承、扬”的效果。因时间上的传承、空间上的传播、行为上的发扬，形成了西关民俗风情的杂交特性。在自然景观上体现的老西关心理素质和风俗习惯，人文景观上体现的原居民生活观念和价值取向，今天都依然顽强地、健康地表现在我们的政治生活舞台上。

在广府民居基础上演变而成的西关大屋，是富商巨贾和洋行买办阶层等新兴富豪的住宅，由这一阶层及其住宅群环境所形成的独特生活情调和习俗已成为一种固有的模式。如民谚“西关小姐，东山少爷”，“宁住西关一张床，不要河南一间房”等，确断而鲜明地表达了当时社会阶级划分的背景，反映了各个阶层的经济状况、知识结构、生活趣味与文化氛围，从中也可看出城市发展演变的脉络。

在某种情况下，西关习俗可以上升为西关文化形态，体现出物象的普遍性。西关大屋作为类别模式产生外在的影响，存在为大众所认同的文化外延意义。“西关文化是广州文化的缩影，广州文化是岭南文化的缩影”，这样论点的出现已是老早的事。因为小小的西关联系着上下千年的历史传统，首先带头吸纳、接受外来文化，无疑在民俗风情方面起到开风气之先的作用。

优良者发扬之，不雅者改良之。由此维护社区和谐、推动社会改革、提高人文素质，其现代意义不浅。“提起‘西关小姐’，我们脑际里总会鬼使神差地浮现出一位凤凰引颈、巧目倩姿、绣衣绫罗、青丝如缕、媚影含羞的民国初年的西关少妇……她踩着踢踏脆响的木屐，拖着如水丝泽的素色裙曳，款款踱行在曲径幽长的青石板路灰巷之中，苗条的轻姿妙影好似《三家巷》里的区桃。越走越远，终于隐匿在青砖木楼那流光溢彩、赭红靛蓝的满洲窗后……里面的光景对于陌生的过路人，总是神秘莫测、百般好奇的，不是吗?”① 如果唐代诗人崔护来神游西关，定会写出比“去年今日此门中，人面桃花相映红。人面不知何处去，桃花依旧笑春风”更美的诗句。

“西关小姐”作为一个商业都市特有的女性群体，她浓缩了广州19世纪后半叶到20世纪30年代这一段瑰丽的历史文化。在广州人的

---

① 钟俊鸣，曾宝权. 走进西关. 广州：广东人民出版社，2001.

心目中，西关小姐最初是指住在西关大屋里的千金小姐，后来坊间把所有住在西关的女子都叫做西关小姐。西关小姐是一群有知识、有教养、有大家闺秀风范的女性（图 1－14）。

图 1－14　历代西关小姐

自康熙二十四年（1685 年）设立粤海关和十三行以来，西关成为中外海上贸易中心，伴随经济的繁荣，出现了 100 多家女子私塾学校，豪门富商争相把女儿送去读书。不少西关小姐读了真光中学、坤维中学，还上岭南大学（今中山大学）。她们最早接受欧风美雨的熏陶，勇于冲破传统礼教的束缚，把知识融入无敌的青春之中，散发出独特的魅力，代表着广州女性解放的先声和近代广州最为风雅繁华的生活。晚清时，广州女性有几次“抛头露面”的机会，如人日（正月初七）游花地、乞巧节（七月初七）游石门、郑仙诞（七月二十五）游白云山等，在花团锦簇的人流之中，西关小姐与同窗好友结伴同行，其高雅的气质和新颖的装束形成了一道动人的风景线。人们不约而同将“西关小姐”一语叫了出来，越叫越响，历久不衰，成为广州不可

复制的风花雪月和浪漫记忆……①

其实当今“西关小姐”的公益活动、志愿者活动、旅游宣传活动、国际联谊活动、解困捐赠活动……更为人们塑造出一个可爱的“真、善、美”的新风代理人形象。“西关小姐”已成为广州重要的文化符号。

另外，以广府人为主干的粤商在清中期就已驰名全国。同时，也带来了投机性、市侩性的负面作用，以及较为浓厚的宿命观。如广府商家中普遍可见供奉关公为财神，在穗港澳等地民间存在迷信命运、敬神奉鬼的风气。商品意识不仅弥漫于民众的日常生活中，而且往往制约着人们的价值取向和行为目标，人们更多的是注重经济上的利益关系，民系中的内部凝聚力相对较弱。这样的民俗背景给我们今后的改革提供了某种参照面。但这种情结往往同商场、官场较近，同西关大屋并没有直接的联系。

广府风格的古民居通常是一个家庭几人至数十人一起居住。这样的居住方式并不能发挥建筑固有的优越性，不但会加速房屋的损毁，而且使人们的生活不够舒适、愉快。这是我国住房分配使用长期不科学的表现。老电影《七十二家房客》中生活的场景就是典型的广府民居——西关大屋里的情境，局促、拥挤、互扰的居住关系伤透了老老少少居民的身和心。不过新近要重拍的彩色版的《七十二家房客》，居然找不到适合的西关大屋作为拍摄场地，可怜西关大屋竟成了稀世之物！

克服某些消极的东西，才是科学的态度。如西关大屋后墙习惯上不开窗，说是为了挡北风，其实岭南刮北风并不多，北风并不太冷，刮的时间也不长，理由并不充分；说是为了遮挡视线防干扰，实在比较牵强，完全可开设高窗加以解决。其真实原因为迷信风水怕“散气”、“漏财”，最后导致通风采光环境、地面防潮条件打了折扣，甚至墙脚起了青苔。真是何苦?！探花第李文田之孙李曲斋先生在处理泰华楼重建时，同意后墙开小窗，只是不开在正中间，而开在两旁，不能不说是一种进步。

---

① 《魅力荔湾》编委会. 魅力荔湾. 北京：中国旅游出版社，2009.

（四）朴实开放大众的骑楼哲学

哲学是最高层次的美学。骑楼建筑达到了哲学的高度，意味着骑楼具有深刻、广泛、成熟、抽象的文化机理，进入了人文精神社会的秩序。许多学者已经认同“骑楼哲学”这样一个概念，可以从骑楼的视角对辩证法进行一种新的探索；或者说从骑楼的探索中，可以获得辩证法的深刻启示。

美国哲学家杜威认为，不同历史条件和生活环境下，人们的想象、情感和欲望各不相同，这便产生了不同的哲学观念。哲学的任务是抛弃关于终极的、绝对实在的争论而关注社会的信念和理想，即超越传统的唯心或唯物等形而上学的争论而使哲学面向生活。

所谓骑楼哲学就是人们对骑楼建筑的形制、营造、空间意识及其所伴生的建筑文化现象所形成的基本观点。骑楼哲学不仅是一种世界观的理论表现，同时又是观察分析和处理有关骑楼的建筑知识、社会现象的思维方式。其所含构的哲学理念与社会意义是多方面的，试举例如下。

1. 文化交流则活，故步自封则滞

事物需要正常的运动，以实现自我组织系统的完善。广州建筑学会理事长林兆璋先生认为，广东人很善于扬长避短、中外结合，把别人的东西变成自己的。比如改革开放初期，香港叫“的士”，北京叫“出租车”，而广州叫“打的”。现在北京、香港都讲“打的”，它把两方习俗结合一起，获得了创新效果，而且还让人觉得很亲切，不觉得是外来的。这一特征也反映在骑楼上。外来的样式、外来的风格、外来的符号、外来的理念，这些都属于人类的财富、艺术积累、文化积淀，属于中性的“原材料性”的东西，无可厚非。骑楼运用它们的目的与政治意识毫无关系，倒是有助于推动社会和经济发展。文化的交流是有利于各国人民的，有利于全人类的。

2. 大智若愚，奇巧若拙

骑楼是广东民间智慧的产物，而不是个别建筑专业人员的发明创造。若从民俗学的角度看骑楼，还能洞悉广东人独特的“骑楼情结”。民间的智慧更能诱发建筑的创新，使骑楼的灰色空间更具艺术魅力。

骑楼的装饰不拘一格，貌似无规律却又有规律。在骑楼的民间创新过程中，尊重了人民群众的个性——个人的产权、个人的爱好、个人的背景。也许它们运用的构件细部，如窗花、柱式、色彩、山墙、栏杆等都带有几分不成熟的幼稚性，然而一个挨着一个的骑楼单体建筑，具有循序渐进的套路、模式与风格，具有历史文化的积淀与千百人技艺考验后的选择。骑楼制度的产生，就是社会约定俗成的结果。看似俗气原始的东西，其实很洋，很先进。相比有些看似很洋、很先进的东西，其实很俗、很落后。除去历史条件的制约，如果从建筑的基本定律或原理出发进行分析比较，用一般材料建造的近代骑楼不一定就比用现代材料建造的当代“奇楼”落后。艺术的价值与材料的价值没有必然的联系。

3. 退一步空间，做两笔生意

虽然店铺只退后3米多，看着并不赫然醒目，但老派粤商的智慧尽在其中。俗话说：“人在屋檐下，怎能不低头。”烈日炎炎、雨水如注，你会不由自主地行走或停驻在骑楼之下，大可处变不惊，大可不必因穿着布鞋、没带雨伞而着急，轻轻松松地面对回不了家的自己。人在骑楼下，同时也会焕发出这样或那样的闲情雅致：你会欣赏把弄你所感兴趣的商品、展品、样品；你可能“踏破铁鞋无觅处，得来全不费功夫”，平时寻寻觅觅也找不到的东西，此时会偶然发现原来它在这里。

在中国传统的建筑里，“廊”本是个充满诗情画意的组成部分（图1－15），多用来遮烈日、挡风雨，让人们在行游之中享清风、邀明月、看水景、吟松竹。而骑楼下的长廊，无疑也具备这一美好的特质，且更像是社会公益性设施。商人心思自有微妙之处：你在廊内，总不能站着不动吧，请到退至3米多的店内看一看！这一看，自然难免碰到合适的商品，那就买了吧，皆大欢喜。这一退，退出了更大的利润空间。

图1－15　园中廊

4. 虚怀若谷，门庭若市

广州是我国南方的大都市，也是广东省的省会，人口众多，商业发达，所以骑楼多，规模大。商业街的人流多，骑楼底下的空间就需宽而高，其尺度也比其他城镇大，如是成为沿街商铺生意买卖惬意的“门厅”。把“门厅”让给游人顾客，并不亚于把游人顾客直接拉进店内。行人来往如鲫，不到东家到西家，聚集人气就能生财气。由此可说，骑楼空间是一种礼仪性的、友善性的、欢迎性质的、谦虚性质的亲民空间（图1－16），商人需要，行路人也需要。来的都是客，不存在某种排斥异己的力量，防卫性的歧视目光，唯我独尊、居高临下的威仪。

图1－16　骑楼的亲民空间

广州骑楼的柱子比较粗，且方柱为多，对隔阻马路高频噪声能起到一定作用。柱列还使走在骑楼底的行人淡化了马路上来回奔驰的车辆带来的压抑感，使人具有轻松的心理安全感。再次，广州骑楼街的马路较宽，两侧的建筑（竹筒屋或早期钢筋混凝土框架多层建筑）通进深较大，舍得让出较多的骑楼空间，而赢得“虚怀若谷，门庭若市”的效果。

5. 不拘一格，自为有格

骑楼的另一大特色，是其自由的装饰，这又体现出粤人“不拘一格，自为有格”美好性格的一面。广州骑楼各种中西建筑装饰要素百花齐放，你会发现每条马路的每间骑楼的石雕、砖雕、灰塑、彩画、彩色玻璃、彩色水磨石等装饰各不相同，然而却具有统一的风格、统一的尺度感、统一的色彩明度、统一的格调款式，不存在任何矛盾冲突之处。骑楼街面的完整齐一和骑楼屋顶上时不时突出的中式小凉亭或西式小尖塔、小穹隆顶，使得城市天际线生机勃勃，明确的节奏感给游人以振奋的心情与不尽的视觉美感（图1－17，图1－18）。真可谓统一之中有变化，变化之中有统一，这符合一切事物的本来规律。骑楼的装饰艺术充分表达了人民群众内心深处的信仰、风俗、价值观念和审美需求，而且只有骑楼才容许他们这样自由表达。

图 1－17　西式小塔楼

图 1－18　中式小塔楼

6. 化私为公，利公利己

一种建筑符号，既可表示一个城市的特征，又可折射一个城市的性格，因此它更多地作为一种历史印记而出现。骑楼具有公私双重特质，既有单家独户的民居特征，又有参与经商活动的公建特征。既为私又为公的骑楼作为一种建筑类型，即便在今天，也是不过时的。把门廊打通，变成商业街，把私人的地方变成公共步行场所，又可为私人业主带来意想不到的利益。骑楼，它对架构城市的公共空间、孕育城市的人情味——集体记忆，仍是一个最生动而有效的层面。如香港汇丰银行大楼在底层开辟了骑楼式的架空空间，用作社会公共活动场地。方便市民，就是方便自己。大家好，才是真的好。

骑楼，修其身更要保其魂。骑楼之魂，就是骑楼哲学。开放、融通、平等、民主、民生，此乃先进文化之所在。

二、商都良宅

——近代广州的西关大屋

南国商都，必有良宅。集中体现广府地区传统民居建筑优秀传统的西关大屋，是反映古代社会过渡到近代社会，广州有钱商人引领技术潮流，利用亲水环境营构的大家庭式的居住房屋。与广州旧城内的建筑相比，西关大屋表现出受限制较少、独具蓬勃活力的先进性。它有一个时间维度，清中叶以后兴起，清末至民初形成高潮，随后进入竹筒屋与骑楼阶段。西关大屋的空间维度，应该是以广州为中心、珠三角为“京畿之地”，以广府为感染同构圈，以周边外围为辐射之域。记载某一时段的人文特征，是文物价值所在；体现某一地域特征，是建筑文化的基本原理。

时间上有核心时段、空间上有核心地段，形态上有基本形制，发展遵循量变到质变规律，研究注重自然与人文的结合、主体与客体的联系比较，这就是我们撰写本书的基本写作法度。

（一）广州西关独特的地理区位

广州从唐代起就是全国有名的海上贸易大港。在商贸带动下，这里聚集了来自海内外各行各业的商人，带来了海内外的各种特产，汇聚了巨大的物质财富和中西文明。随着经济的发展，对住宅的需求越来越大，而广州的住宅也随着各方人士的来临，融入了适应岭南环境特点的外来元素。成片成片的住宅街区的开发，迅速扩大了广州城区的范围，而在清代富商云集的下西关，典雅、大方、实用、宜居的西关大屋，成为时尚高雅的住宅形式，并在珠三角广大地区及港澳等地流行。

地理区位的优越带来了经济社会文化的繁荣。西关大屋之所以叫

“西关大屋”就是因为“西关”这个地方具有独特的地理区位，在特定的历史发展过程中出现了城市建设的繁荣，基于一定的生产技术水平和文化氛围，就会产生某种特殊的建筑及建筑文化、建筑艺术。这种建筑往往能明显地表现出时代性、地域性、民族性特征。

西关的历史地理演变史显然就是一部商业文化的发展史。

西关，与南关一样，是古代城区的一个通用性的地名。《现代汉语词典》是这样解释“城关”词条的——“指城外靠近城门的一带地方”，因而西门外的一带叫西关，南门外的一带就叫南关。广州城墙虽早已拆除，但至今仍留存这两个地名。这是因为西关、南关关联着许许多多广州的历史文化往事。

广州的西关，虽同其他许多名城的西关名称一样，但在城市发展史上的影响可谓“此西关并非一般西关”。因为广州是一个有着约两千年历史的外贸古港，虽处南中国一隅，却是中国最方便抵达各大洋大洲的始发港。广州西关在其中扮演了重要的角色（图2－1）。这里是城市发展的增长极、结合部、活跃区。

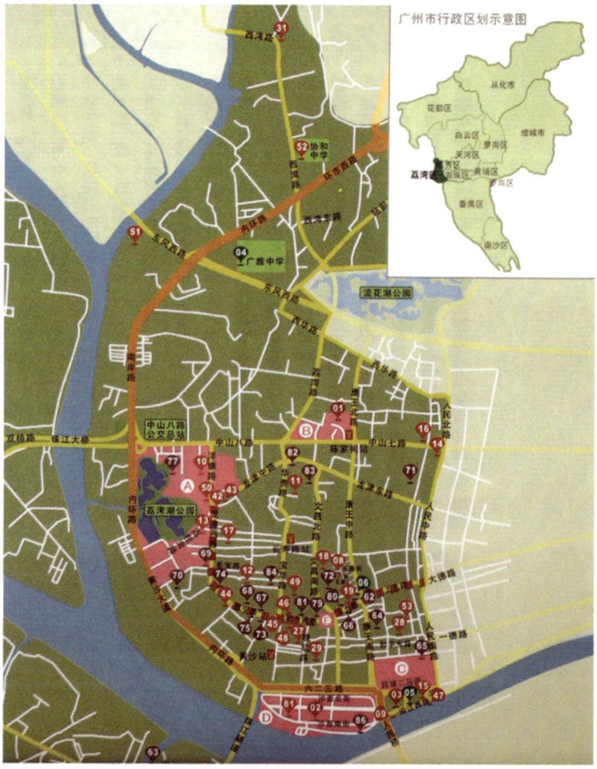

图2－1　西关大屋的地理位置

城市历史地理学家曾昭璇说过，历史上北城外北关一带为山丘，为象岗、越秀山、白云山所在，故无大片平地耕种和建设房屋。南关地方，受珠江限制，平原不多，也不利于开街建铺，形成商业中心。大东门外的东关，尽为山岳台地，如红花岗、马棚岗、竹丝岗、东山等，亦不利于耕种。“东贫西富”之说，说明了西关乃广州城外较好的发展用地。

广州位于珠江口，是一个优良的海港。广州出海航道有虎门等要塞扼守，在古代的航海贸易中，是一个既能避风又能防海盗的天然良港。广州的西关处于广州古城独特的地理位置，濒临水深可泊海船的白鹅潭之北，前后两个航道均可直通珠江口。古城东面、北面均为丘陵台地，在科技尚不发达的古代难于开发成宜居城区；城南离珠江北岸不远，虽较平坦但没有太多地方可供开发，唯西关小平原虽河涌交错，但还在沉积发展壮大，仍有很大的空间可供城市开发。流溪河、白坭河及瓦窑河（西南涌），在泥城遇台地破碎，水向西南流下，成为小北江（或称东海），遇沙贝水流折转南流。珠江在海珠石涨潮西流后，西关小平原外围形成一湾弧形水面，流速变慢，使“凸岸区”泥沙沉积，陆地不断向南增生。再因地球自转作用的影响，在西关的珠江东岸，还不断沉积形成新的可开发用地。而白鹅潭为三江交汇处，一直保持较深的水位，依然航运方便，毫不影响海上对外贸易。

以上地理变迁，还可用古代基围的出现过程加以说明。如上西关的高基大街，西乐围、永安围的南北走向，表明明代西关平原是向西扩展的。下西关珠江岸线东西走向，明代为冼基、清初南推筑陈基、清末筑新填地，陆地不断南移填河开街。

清初设关时，洋行兴建地点亦仿明代怀远驿。地点选定清初江边地点，近行商亦近码头区。当时这段河道是深水河道，中泓 9～10 米，码头 3～5 米。如西濠两岸海旁均为洋商行栈区，新城油栏门西濠边即为行商所在地。1685—1777 年间，今十三行路一带已先后开发成外贸商馆区。以西濠为界，东段约 80 米内有广利行、天宝行、同顺行等。至 20 世纪 50 年代初，仁济西路东部尚留有十三行炮楼兼当楼一座、护卫商馆区的东入口。十三行西濠涌以西范围有英国义和行、荷兰集义行、英国隆顺行与孖鹰行，还有丰泰行、瑞行、宝顺行、美利坚行、中和行、万和行、法兰西行、大昌宋行、黄旗行等。核心地段东起仁济路，西至镇安路（今康王路），北至浆栏路，南至今文化公园中心广场中央位置。其面江内港水面宽度估计尚有 600 米以上，可供船只停泊上落。

西关的水文变迁与陆地变迁是相辅相成的。从临近江岸码头地段看，十三行行栈靠近今十三行马路处兴建，供夷商租用，可以满足临

江建码头的要求，因为商馆距江岸不远。《壬申南海续志》云：“十三行河旁地，各国商人建码头，泊火轮船，许岁输僦值五百两。”自明初江边地蚬子步到清初江边地为迴栏桥外濠口段，江岸已南迁近200米，清初商馆也只能南迁江边地兴建运输码头。其中空地曾作商品交换地或花园用地，有多幅外销画佐证（图2－2）。

图2－2　商馆前的交易市场

西关段珠江靠近白鹅潭，河水较深，为广州主要码头区。西侧沙基，按《广州城坊志》考更是码头集中区，澳门、香港火轮和往恩平、江村、石井渡埠头均设在此，有利于避风，保障船只安全。省城防护力强，地区安全有保障，为十三行的稳定经营创设了条件，也为人们安居乐业创造了条件。

（二）海上贸易造就西关的繁华

广州是一个具有千年海上丝绸之路发展史的商埠文化名城。西关的发展紧紧地伴随着这一主线索，吟唱着千年的主旋律。

唐代的广州，虽然城池较小，西边的城墙仅在今教育路以东一带，但海上贸易却相当繁荣，在当时意义上的“西关”，建有“蕃坊”（今光塔路一带。光塔，也叫怀圣寺塔，怀圣寺即唐代在蕃坊建起的回教建筑），供到广州贸易的阿拉伯人居住，最多时蕃人达12万。明清时期，广州西城墙已移至今人民路一带。

宋元以前，西关因田土肥沃、劳力充足，而成为城市农业发展地区。“泮塘五秀”留名青史。宋代《舆地纪胜》记载：“在郡治六里，名泮塘，有桃、梅、莲、菱之属。”宜水生作物有荸荠、菱笋等。《广东新语》记有：“种莲者十家而九，莲叶旁复点红糯。”这表明西关农业乃以荔枝等“果、布只凑”为主。与此相关联的园林、宗教事业发达，如南汉秀华园、华林园、花坞芳华园、显德园等；梁代西来庵、南汉龟峰慈普寺、宋代仁威庙等。

宋元以后西关进入工商业文明萌芽时期。宋、元《南海志》记载今文澜书院附近有制作绣衣的街坊，西关之北增埗河东岸有专供出口用的瓷窑工场，皇帝岗一带有众多陶瓷加工场。明代西关建有怀远驿（在今十八甫路），供前来朝贡的各国贡使居住。《明史・食货志》云：“（永乐）三年（1405 年），以诸蕃贡使益多，乃置驿于浙江、福建、广东三市舶司以馆之，广东曰怀远。”《广东通志》（郝玉麟版）云：“永乐四年（1406 年），置怀远驿于广州城蚬子步，建屋一百二十间以居蕃人，隶市舶提举司。”当时怀远驿街内还建有天后庙，保佑航海经商平安。

洋船争出是官商，十字门开向二洋。
五丝八丝广缎好，银钱堆满十三行。

这是清初学者屈大均的一首有名的《广州竹枝词》，此诗表现了十三行时期海上国际贸易的繁荣景象以及商人获得高额利润的情况。然而我们从中还可看到，因东西二洋均看好广州的纱缎丝织物，致使广府顺德、南海官山、民乐等地桑基鱼塘遍地，西关丝织厂也兴隆起来。从上西关到下西关一带都是丝织厂，全盛时有丝织工人 4 万余人。可想而知，这一时期的城市居住建设又会出现一个高潮。

在清代，撤销海禁后，西关开辟了十三行海上贸易区（在今广州文化公园一带），有十三夷馆（相当于宾馆、招待所、货仓、驻穗办事处）供外商设商馆贸易。清代设粤海关管理夷商外贸，不再按传统贡典，还在怀远驿等街巷接待蕃商，让外商投居当地洋商行栈或租用行栈。起先十三行行商建夷馆接待、服务、监管与自己进行贸易并担保的外商。因“天朝”大国思想作怪，对应“夷人”、“夷商”之名，国人则称外商住房为“夷馆”。“夷馆”同唐代以降的“蕃坊”、“怀远驿”大有区别，但其规划建设用地的地理条件与前朝的怀远驿多有相似之处。

清康熙二十四年（1685 年），大清帝国以开海设关贸易取代前朝与清初的朝贡贸易，广州与泉州、宁波一起设立海关，开展对外贸易。特别是在乾隆二十二年（1757 年），清政府规定只让广州一口岸对欧美通商，而且恰逢欧美工业革命开展，使广州与海外各国贸易达到了史无前例的繁荣（图 2 – 3）。广州作为海上贸易大港的地位，使广州西关吸引了大量海内外商人及各行业技艺人员。不少徽商、闽商来到广州西关创业，珠三角一带的商人中的佼佼者，也来到西关，一展才华。这里，除了有清政府特许经营对外海上贸易的十三行行商外，还有大量在十三行地区经营的行外商人。像行商潘振承、伍国莹、叶上林等均来自福建，行商梁经国则是广东番禺人，乾嘉年间的艺兰堂（披云堂）生丝、玉石、陶瓷商人谭世经来自广东顺德，道光年间西关著名“瓷器梁”——陶瓷商人梁大镛是广东南海人，而詹天佑的曾祖父詹万榜，于1760年举家从徽州来到广州，经营徽州茶叶。很多成功的商人在此发家致富、立业创基。

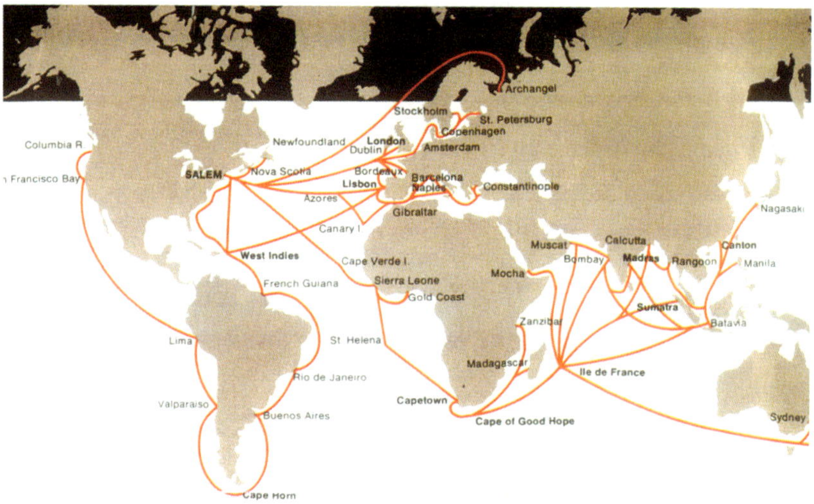

图2－3　清代海上丝绸之路

西关近城有较大的市场，这也是富商巨贾云集西关的重要原因之一。广州附近的四乡靠的是由水客定期进城购物和传递信息，俗称“巡城马”，故市场有相当大的辐射力和商品需求量。宽阔内港方便货物集散，从白鹅潭水道至内港一带，水上运输发达，集结了不少水上人家。十三行商贸区四周，工商业繁荣，七十二行俱备，可为各路客商提供服务。广州的商业中心逐步从原来的城南的濠畔一带向西关辐射，至清末，西关已成为全市的商业经济中心。各种行口如钱庄银号、珠宝金饰、华洋百货、面纱匹头、粮油副食、药材干果等商业设施都集中到了西关一带。

这里还不能看成一般的市场，它具有国际化性质，或者说这是一个国际性的贸易市场。因为十三行的对外贸易以西关作为内港，开展大宗的、多品种、国家之间的进出口交易。因广州有长期的对外贸易史，广州商人们在当时已经不乏与外商打交道的经验；广州的官员比较务实，愿意发展对外贸易，对外商刁难的情景比较少见；广州口岸腹地广大，珠三角地区的市场发展成熟，这里作为外贸的口岸，较之当时沿海其他港口更加理想。于是，法国、荷兰、英国等国逐渐将在华贸易的重点转移到了广州。

商业的繁荣，带动了其他行业的繁荣。据专家考证，明代广州西关就建起了粤剧琼花会馆。清代，十三行行商还办起文澜书院，定期评选奖励好文章，推动文化发展。而两广总督阮元在广州创办的学海堂，最初也是借用西关文澜书院校舍，后来才迁至越秀山新校舍。道咸年间，富商潘仕成还在自己的荔枝湾庭院“海山仙馆”内编印了《海山仙馆丛书》等大量书籍。19 世纪初，美国人伯驾在十三行内办起了眼科医局。同期，外国人还在十三行办起了《中国丛报》等英文报纸。而在摄影机发明之前，众多中国画匠在十三行地区绘制、销售中国风情画，或按外商要求绘制画作，被作为最好的纪念品带往世界各地。当年的广州西关，是连通世界各国经济文化的枢纽，是中国经济、文化、科技、社会发展的领先之地。

图 2－4　万国旗飘的商馆

西关有中国大陆第一道西洋建筑风光的标志性景区！十三夷馆的建筑带来了新的理念和技术，对当时的西关无论如何都会产生一定的影响。洋商居住的商馆和客栈，一般三层，顶层为外商居室，二层为办公用房，地下为货舱、杂工居所。商馆深约 130 米、门面阔约 28 米，南面有运动场或花园，河边有小码头，总宽度 300 多米。万国旗飘的商馆风光是外销画家常画常新的题材，被销往世界各地（图 2－4）。

近水楼台先得月。虽然中国建筑在当时受到中外有别、尊卑贵贱、等级规范的严格限制，但西洋建筑从思想意识上、设计艺术上总会给民众留下丰富的思考。即使当时不能借鉴风格形制、造型规模整体建造，但在室内装修、家具设备、局部构造等方面难免会加以引进模仿。这一点我们从后期的西关大屋、新型的商业骑楼建筑就可看到西关“开风气之先”，并对广府地区，乃至全国造成一定的影响。

（三）广州西关大屋的分布特征

建筑类型及其分布本身包含着许多复杂的动力机制因素，往往还能体现出社会、经济、文化发展的某种内在规律。

1. 西关大屋分布情况

广州西关，有上西关、下西关之分，约以今龙津路为界，北为上西关、南为下西关。上西关指东北部有较高地势地区，是较殷实的制造业主设厂经营之地，机房林立，与不大富裕的农业区和手工业区同时发展起来。下西关指西南部、南部较低地势地区，拥有富裕的商住街巷。下西关除有十三行外贸区外，紧邻十三行北端、西端，还有打铜街、故衣街、浆栏、杉木栏、谷埠、猪栏街、鸡栏街等商业街。清代，随着开海设关和一口通商海上贸易的繁荣，西关小平原在此时得到迅速开发。

如果说下九路集中了丝织手工业和丝织工人的话，那么上、下西关则是棉纺织工人集中地。因国际贸易，英国人运来大宗的棉花，引起西关纺织业的兴盛。曾昭璇先生曾考察棉纺织业机房区，亦由上西关至下西关，它是在明代农田上兴建的，今留有明代痕迹的“桃园”、“周园”、“区家园”、“李家园”等地名。机房区今留下“锦龙大街”、“锦华街”、“锦荣直街”、“经纶大街”等地名，西乐围尽开辟为街。西关工人和商业人口陆续增加，又于西关上支涌以南农地开发建成“西关大屋”区。

靠近西关西边一带的“西关角”东起文昌桥、大观桥，西至泮塘、昌华园一带，是当时商贾和封建贵族经营的新型住宅区。因这一带商号少、地方幽静，适宜居住，故素有“住家林”之称，是为广州当时最先进的高级住宅区。

宝华区为同光年间所开辟，在多宝、宝源之后。这就是西关大屋集中的“三宝区”。詹天佑家谱记载，祖父詹世鸾嘉庆年间已在广州西关十二甫定居，其住所也是三间两廊式西关大屋。可知下西关各西关大屋区形成于比此早的清中期。宝华、多宝、宝源——西关大屋集中的“三宝区”因清后期新型建材水泥的运用，已从传统的“正堂屋”模式，演变成“平天台”模式，充分说明西关富商生活方式领导新潮时尚。曾昭璇先生指出，建于道光年间的海山仙馆住宅尚为“正堂屋”模式。

根据史料整理，西关大屋分布大致情况如下：

（1）十八甫富善地区。爱育新街曾为“海山仙馆”主人潘仕成古宅，一批西关大户也建宅在此。

（2）杨巷、杨仁里地区。为广州主要布匹和药材商市集中点，居住者多为商人家庭，建筑偏于小巧精致。其中杨仁里有石刻记载，历史可追溯至隋代。

（3）十二甫地区。以西关平地黄群屋而著称。黄家庭院宽广，富甲一方，故有西关平地黄之说，相连的西关大屋不少，清代状元梁耀枢古宅就建在今陶陶居一带。

（4）宝华、十六甫地段。大屋很多，内以钟家花园最为著名。主人钟锡琪，字仲环。屋内有楼、房、亭、廊等建筑，园内有池塘，种植荷花，并有“一拳石”和名为“寿者相”的酒家，故有一拳石斋、二酉轩、三雅堂、四时春、金符斋、玉茗堂、香石斋、巢烟阁、坚寿亭、云淙水榭等，其结构布局极具岭南园林特色。钟家花园往北是西关首富周老十等人的大屋群，以豪华著称。

（5）逢源、宝源地区。著名的庭园建筑小画舫斋就建在逢源大街内，建筑用地2 800余平方米，其建筑布局精雅，厅与书房均以内院相隔，居室凉爽如秋，院内有两层画舫建筑。逢源北街一带还有陈氏大院（陈廉伯家族）和相连的西关大屋群。

（6）多宝地区（多宝大街、多宝坊一带）。有邓华熙“七便过”第宅，主人邓氏，广东顺德人，官居二品，曾任安徽巡抚等职。清代探花李文田住宅建在多宝坊，六间相连。邓宅、李宅的正间均为四柱大厅，门前高挂“礼部侍郎”、“尚书房”等大红灯笼，比一般西关大屋显得更为高昂华贵。

2. 西关大屋分布原则

应贸易发展之需而开发的高级住宅区“西关大屋”，有如下的分布原则：

一是方便经商。早期较靠近南端的外贸商业区及紧邻的商业街，即在下西关的中段、北段兴建，有杨巷路杨仁里住宅区、十八甫富善住宅区、十二甫住宅区、宝华住宅区、多宝住宅区、逢源和宝源住宅区等。也有些来广州刚创业的行商，兼顾方便与经济的原则，选择与十三行仅一江之隔的珠江广州河段南岸建宅（今属海珠区南华西街地段），这里当时虽没桥，但坐船过河很方便，而且有比下西关更多的靠江土地建豪华大宅。

二是街巷规划有序。以东西和南北取向为主。统一以花岗岩石铺街面。街巷较宽，3～4.5米宽的称大街，占西关大街的30%左右，可跑马车，宽度在2.5米内的街道居多。住宅小区内有排水渠设计，排走宅内污水。很多街巷的出入口布置栅栏和更楼，用以防护守卫。青石板路过去铺设得非常整齐漂亮，加上各家各户门前的装饰美化，已成为老西关人心目中挥之不去的记忆景观。现为西关大屋老社区唯一留下来的文化遗存，应该加以保护。

三是亲水、近水、用水。由于西关城区旁的荔枝湾，多年来都是广州城西著名的岭南水乡风景区，“一湾溪水绿，两岸荔枝红”的美景，给历代南下的官员，以及喜欢四处出游的文人雅士留下极深刻的印象。一些官员退休后，喜欢选择在广州西关建屋安享晚年。像梁资政第、李文田探花第、邓华熙的邓宫保第等（图2－5）。

詹天佑故居（原址复建）

李文田故居

李小龙祖居

图2－5　西关大屋区的部分名人故居

清末海关贪官周东生在宝华路正中约建造的荣耀大屋，属于一组“五便过”带花园的西关大屋，据说宅内还设有戏台。该屋所在河涌纵横的水网地带，街道平行河涌走向，形成了屋前为街屋后临河的景象。可惜遗存不在，近人胡子晋曾描述该屋被破坏的景象：

戏台倒塌长篙茅，檐畔端宜燕作巢。
廿载繁华如一梦，更怜窗户满蟏蛸。

3. 西关城市分区发展

清代是荔湾发展最快的时期。五口通商以后，西关的建筑分区大致是这样的：沙面为西洋建筑区，沙基一带成为洋货市场，西堤一带为海关邮局等西式大楼区。清末西关北部为“西关大屋”高级住宅区，该区人文景观为方格形街道系统，石板街面，排水系统流畅，整齐美观安静。中部沿濠及河涌，该区景观以船运沟通为主。该区还有大型住宅群。如多宝街15号的“益一缘”曾为一座“九便过”的前街后河带有花园的特大型住宅，与河涌紧密相关。另有一些大家族采用一式多幢三开间古式大屋隔青云巷横向相连的模式，扩大居住范围。如宝庆新南约原有三水县邓氏民居群，是一连八座的古式大屋，八兄弟分为八个宅，各宅于书偏处有横门相通。每逢节日或红白喜事，各宅横门一起打开，偌大空间畅通无阻。平常时日，横门关闭，各自为庭。

西关偏东的商业区明代以来仍为繁盛，尤以下九路为中心，酒楼云集，成“八桥胜景”。北为居住生活服务区，南跟洋货区相连，很是方便。

南部为外贸商业区，该区十三行夷馆及商行的西洋特色成为中国大陆第一道西洋建筑景观，与北京圆明园中的西洋楼同一时代。北方的西洋建筑只供皇帝赏玩，西关的西洋建筑则投身于国际商贸活动（图2-6）。

民国时期的西关文化景观是，马路拆建与骑楼街商业道兴建。西关大屋多向二层发展，出现洋楼的外来风采，随着西村工业区的出现，近代化景象日趋浓烈。但西关大屋区依然是最吸引中外游人的风景，这一现象一直延续至今。

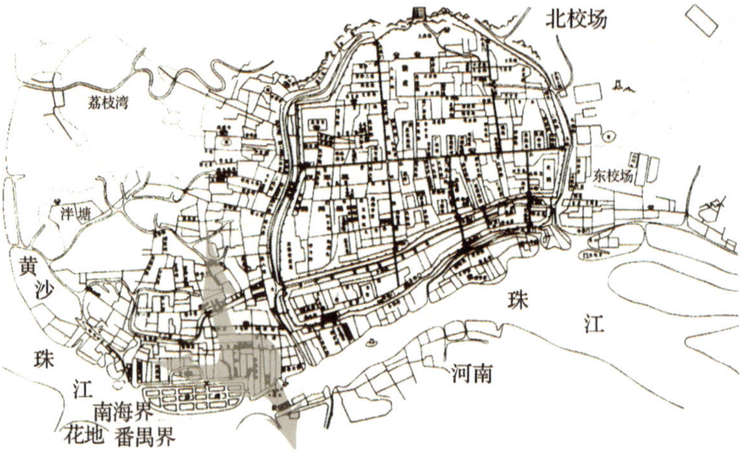

图 2-6　不断发展的西关

（四）西关大屋成岭南城镇时尚

文化是民系的纽带，也是传播的内在动力因素。中原移民以及融入汉族的越人和俚人发展成广府人。广府人，即为广府民系，有狭义和广义之分。狭义的广府民系是指口语中的广府人，以广州为中心分布于珠三角及周边地区，以粤语广府片为母语，以珠玑巷为民系认同，有着自己独特的文化、语言、风俗、建筑风格的汉族民系。广义的广府民系则包括全广东甚至所有粤语族群（世代以粤语为母语的族群）的地区，现今约有 3 800 万人。在广府民系的移民过程中，南雄珠玑巷起过重要作用。珠玑巷是由大庾岭古路进入岭南的必由之路，也是中原移民南下途中首选的定居地。在宋代历史变迁中，迁居珠玑巷的中原人又陆续流徙岭南腹地，落籍珠江三角洲一带。珠玑巷因此成为联系中原和岭南，具有民族南迁象征意义的地方，也成了广府建筑文化圈的边缘地带。

建筑文化具有传播、交流、借鉴的特质，有从上到下的灌输方式，有以自发兴趣借鉴模仿的方式，还有通过人为强制手段传播的方式。

西关大屋兴于清代中期、盛于清末民初，由富商巨贾和洋行买办阶层等新兴富豪于广州西关等地建造的以居住为主的大型豪华建筑群，因西关最多、最集中故名。屋名也是一个信息符号，跟随商业、政治、文化，甚至战争而传播开来。西关大屋以石脚水磨青砖砌墙、设石门套，正门有吊脚扇门、趟栊门、硬木大门一套的三扇门。特别是正立面屋檐下的封檐板常常雕刻有精美的长卷画图，令人叹为观止。

清代广府地区的建筑水平集中体现在西关，但对广府其他地方也有影响。西关大屋入内三间两廊，一般都拥有正间和左右偏房，并设青云巷适宜与邻居隔离又横向发展。大屋的进深很大，分门官厅、轿厅、天井、神厅和后座。后座内还设内厅、内房等，厨房在尾端，总深度 25 米以上。房屋的分区功能合理，使用时相互干扰较少，适宜亚热带气候的生活。这样的空间组合也适宜一家一户的发展，满足近代化的初期需求。

在中国近代化、城市化的过程中，西关大屋起着承上启下的作用，从西关大屋、竹筒屋到骑楼，就是最为形象的表征。在横向的传播过程中，西关大屋也起到投石击水同心圈四周扩散的作用，广府地区所到城镇一时皆以此住宅模式为时尚，风靡数十年（图 2－7）。

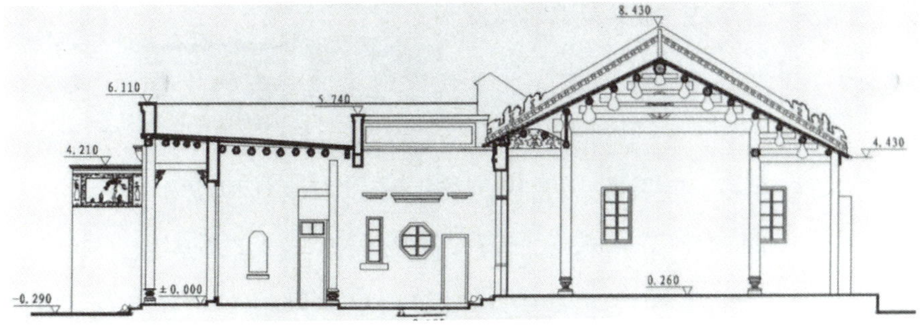

图 2－7　佛山某“西关大屋”

佛山市三水区乐平镇大旗头村是粤中地区较有代表性的古村落。中部南一区始建于清光绪年间的郑氏古建筑群是一处规模巨大的西关大屋式民居集合体（图 2－8）。当时清代广东水师提督郑绍忠得慈禧太后赏赐回老家营造祖居，选择了“高勿近埠而水用足，低勿近水而沟防省”（《管子·度地篇》）的地带，统一按西关大屋式格局举族兴建。适合于整体、齐一，便于分期分批、分路分进展开施工的西关大屋模式很顺利地成为人们的共识。因陆路、水路方便，“因天材，就地利”，一时材料云集、人丁奋进，一举建成。2002 年其被定为广东省文物保护单位，2003 年 1 月，被建设部、国家文物局联合授予首批国家级“中国历史文化名村”称号。

西关大屋是广州市荔湾区西关一带兴建的富有岭南特色的传统民

居，传到其他地方则俗称古老大屋，也多为名门望族、官僚巨贾所建。现存大部分西关大屋兴建于清朝同治、光绪年间，主要分布在多宝路、宝华路、龙津西路、上下九路等地。最著名的西关大屋有坐落于宝源北街 18 号的梁资政第、坐落于多宝路的邓宫保第，以及坐落于宝华路正中约的钟家花园等，广府各地如佛山、顺德、番禺、南海、东莞等县市，因直接受广州经济文化的辐射，几乎跟广州同时兴起了建造“大屋”、“花园”的高潮。

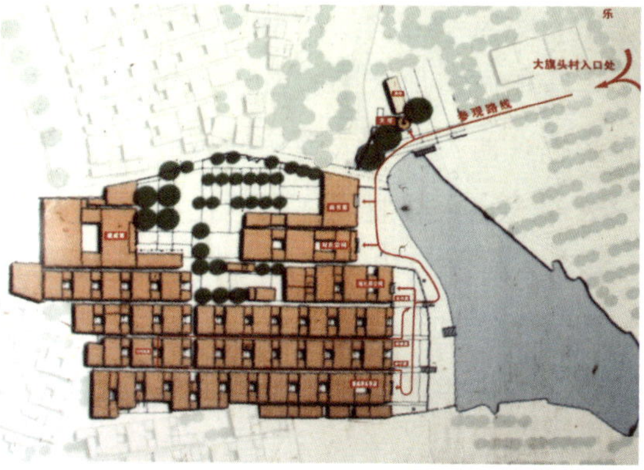

图 2－8　三水区乐平镇大旗头村示意图

广州近代化带来城市建筑类型的多样化。正如北方一时改挂匾额就能改变建筑使用性质一样（如常言宫殿是四合院的放大，“舍宅为寺”习以为然），当时广府地区的公共建筑、宗教建筑、会馆建筑直至商住骑楼建筑，也几乎都能从西关大屋之中找到根源和基因。与居住密切相关的祠堂建筑就是西关大屋的经典加工，且“宅—祠—私塾”常并列而成统一体。广州清代外贸古港黄埔村十三行著名行商梁经国的老家就是这种组装模式。清代最为兴隆的行业会馆如粤剧琼花会馆、八和会馆、丝织行业锦纶会馆等，招待外商的初期商馆、早期著名的茶居——颐苑、某些观览建筑戏场以及道观寺庙等，都是由西关大屋演变、衍生出来的。这种建筑文化繁殖现象，同样常见于珠三角地区。

无论此地彼地，能够吸收其他文化特长，丰富提高自己，也是传播学的一个文化本质体现。广州西关大屋吸取了江南民居的优点，传承了岭南民居的特色，用料质朴，间隔科学，通爽明亮，装饰大方，适应本地气候特征，因此成为当时岭南的优质民居；除在广州四乡纷纷流行外，也在珠三角地区迅速流行。像佛山市的东华里，清代时就是典型的西关大屋区（图 2－9）。澳门除有西关大屋式的趟栊街外，还有吸收了西方建筑元素的卢家大屋。此外，在珠三角的其他城镇中，也有很多类似西关大屋式的民宅。从建筑用料到空间结构的设计、装饰，西关大屋都可算清中晚期的最佳岭南民居。

图 2－9　佛山市国宝单位东华里现状

面积较大的西关大屋，五开间，占地面积大于 1 000 平方米，屋旁、屋后附有花园，园中立有亭、榭。这样的大屋带有典型的江南园林式大宅特点，对珠江三角洲的许多城市造成深刻影响。岭南四大名园的成功，不能不说与西关大屋的江南园林艺术运用有关。

广府民居通常对通风与阴凉的要求较高，形成了广府地区民居建筑的共同特点。其次就是依据自然条件包括地理条件、气候特点，在防潮、防晒方面采取一些建筑手法而使建筑体形和组合尺寸上形成地方特色。后期还大量吸取西方建筑精髓，体现出兼容并蓄的风格。除此之外，典型的广府民居还有一个很明显的景观——山墙。有的像“镬耳”一样而得名“镬耳山墙”，有的叫“五岳朝天”，有的叫“猫拱式”、“拉弓墙”，有的称“人字式”山墙，有的为“复合曲线式”造型，等等。如今尚存的一些古村落依然保留着类西关大屋的建筑群，连绵的封火山墙，实为广府村镇一道迷人的风景。

广东人常说“西关小姐，东山少爷”。“西关小姐”的文化传播活动也将西关大屋带到更多、更远的地方，让人们像喜爱西关小姐一样喜爱上西关大屋。如广州人钟情的趟栊门一直延续到“繁荣的骑楼时代”，仍为各地效仿和借鉴。

三、精工意匠

——西关大屋的构造特色

民间习惯上把清代建于西关住宅区的两开间①以上、三进②以上，人字坡瓦顶、青砖石脚，有半“回”字门廊、脚门、趟栊、实木大门（三重门）等典型特征的住宅统称为“西关大屋”。后来，也有人把“西关大屋”的概念推而广之，把清末民初吸取了西方洋楼建筑特色，但仍保留有青砖石脚、三重门特色的西关大宅，以及竹筒屋、小洋楼等住宅，都称为西关大屋。本书所介绍的西关大屋，以前者为主。

广州西关大屋，是在秦汉以来广府民居建筑构造的基础上发展起来的。由于一般都是成功商人的房子，因此占地较广，设计上讲求用广府民居自然通风采光的建筑格局；因有人到江南为官、经商，受江南人文影响，西关大屋也吸取了江南园林、民居建筑的营造艺术；因北方满人南下，又采用了“满洲窗”的室内装饰间隔艺术；后期因十三行对外通商贸易的影响，西关大屋还融合了西洋建筑的要素与结构材料技术。这种文化杂交的产物，成就了一个历史时期居住建筑典型，并对后来的城市建设产生深刻的影响（图3－1）。

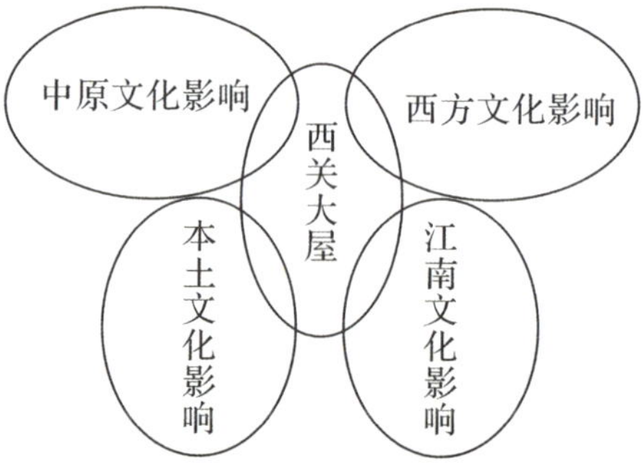

图3－1　西关大屋文化构成蝴蝶图

① 开间，指屋的宽度。4～5米的一个单间为一开间。
② 进，指古屋的深度。一个人字坡屋顶下为一进。

（一）利于通风采光的平面设计

西关大屋现存数量已从清末民初鼎盛时期的800多间减到不足100间，其中原生态的西关大屋就更少了，一些有价值的大屋只是零星分布于西关街巷内。西关大屋是过去豪门富商营建的大型住宅，高大明亮、气流通畅，厅园结合、装饰精美。从平面图上可以看出（图3-2），其布局特点是“三间两廊”，左右对称，中间为主要厅堂。沿中轴线由前而后，依次为门廊、门厅（门官厅）、轿厅（茶厅）、正厅（大厅或神厅）、头房（长辈房）、二厅（饭厅）、二房（尾房）。每厅为一进，厅与厅之间以天井相隔。从建筑纵剖面图上看（图3-3），天井可直接采光，或加上小屋盖，靠高侧窗（水窗）或天窗通风采光。正间两旁主要有书房、偏厅、卧室和楼梯间等，最后为厨房。门厅右边一般设有庭院小品，栽种花木，布置山石鱼池以供游憩观赏，庭院后部为书房。大屋两侧各有一条青云巷，取“平步青云”之意。青云巷又称冷巷、火巷、水巷等，有通风、防火、排水、采光、晒晾、交通、栽种花木等功能。

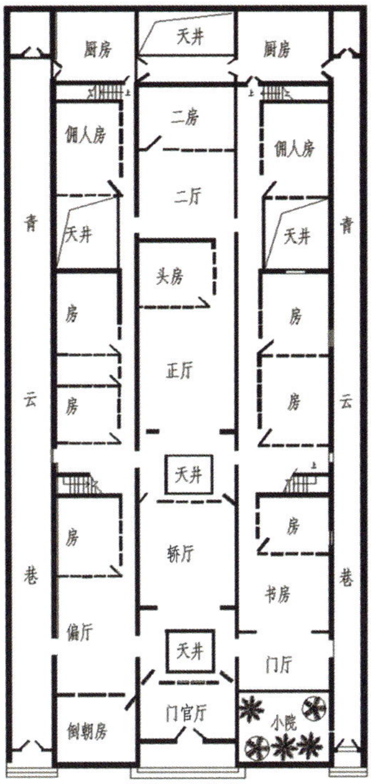

图3-2　典型西关大屋底层平面

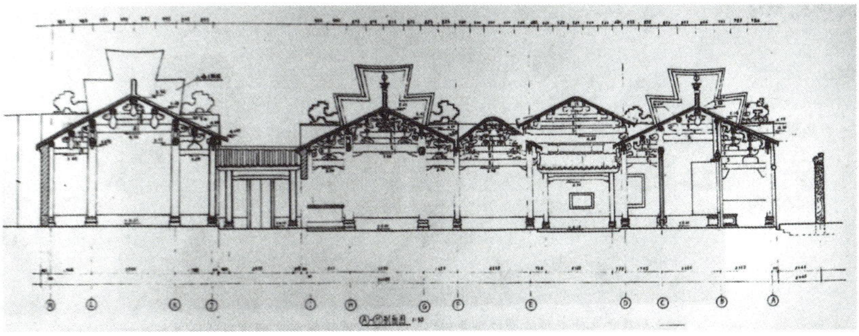

图3-3　封闭式天井的实例

西关大屋一般占地300多平方米，也有些特大宅占地数千平方米。如光绪八年（1882年），西关著名瓷器商人梁大镛在西关宝源北街建有大宅，大屋建筑用地约1 000平方米，花园用地1 200平方米。西关大屋临街的通面宽：一正间、两偏间带两边青云巷，总宽度在15～17米间。三进的深度在32～45米之间不等。

大屋正间的正门，由三重门组成。第一重是脚门，高度约为大门一半，是折叠式刻花木门，每侧两折叠，关上后起遮挡街上行人视线作用。第二重为趟栊门，是走轨道的硬木制木栏栅，关上后还可锁上，当白天有人在家时，打开第三重实木门，关上第一重脚门和第二重趟栊门，大街方向的光和风就可通过趟栊门进入大屋内，而外面的行人及其目光则难以进入或窥见室内情况（图3－4）。第三重门就是一般建筑都有的实木大门，晚上睡觉或全家外出时才关上。

脚门　　趟栊门上部　　趟栊门下部

图3－4　西关大屋的脚门与趟栊门

从大屋正间的正门进入，就是门官厅、轿厅、天井。天井常设在正厅前面。接着是二进的神厅和内厅房的起居室、卧室。神厅与内厅房间设一横墙，前段正厅不设二楼，单层有4～7米的高度，使天井方向的光线和风无阻挡地进入第二进室内。后段设有两层或三层楼阁，二、三楼楼面均开设井口，供下层厅房通风采光。楼上各段用“走马廊”（木走廊）相接（图3－5）。第三进与第二进间隔相似，也有一厅一房的深度，每进约7～9米深。二、三进间有通天相隔，方便各进屋内通风采光。厨、厕一般建在屋后。厨房用小天井采光和排烟。两侧的偏间，临街前墙一般开有不大的窗户。前端设书房，或小内院，通过连廊与内花厅相接，每一进以内天井（小内院）通风采光。

室内一般用木屏门或木框的蚀刻彩图玻璃满洲窗（图3－6）间

隔，可开可合，极利于通风采光。满洲窗是每扇长约70厘米的正方形玻璃窗，以数行、数列组成一个满洲窗方阵作间隔，既美观大方，有一定的透光作用，又可随时选择要开启部位的窗户开启通风。两侧厢房外，设有青云巷。有的西关大屋还在前院或后院设有较大的花园。各部分间多开敞、少围闭，整间大屋的分区功能合理，互相干扰较小，通风采光优良。整间房屋的空间结构布局以最大限度通风采光和良好的宜居分区功能为设计特色。简而言之，西关大屋的设计格局可说是“对外封闭，对内开敞”。整个大屋空间形成多个由天井、通天、天窗、屏门（图3-7，图3-8）、各进内的人行通道、“冷巷”组成的天然气流通道，同时由于大屋的空间较高——各进屋顶主梁到地面间一般有5~8米，这样就能在当时没有空调和风扇的条件下，仍能保证西关大屋在炎炎夏日依然宜居。

图3-5　走马廊

图3-6　满洲窗

图3-7　天窗

图3-8　屏门

20世纪50年代，广州的苏联专家曾在炎夏考察西关三连直街小画舫斋内的西关大屋。当时室外温度是摄氏三十多度，但走进了没有风扇更没有空调的西关大屋内，竟然有穿堂凉风习习，加上旁边花园的百年老榕和绿化，构成一个天然的宜居环境，令苏联专家赞叹不已。1986 年，房管部门实测多宝路多宝大街李宅大屋，该屋为一正两偏间，东面还保留了一条青云巷。大屋前檐高 4.46 米，第一进深 10 米，第一与第二进间有天井相隔。第二进为两层。屋后有空地为园，与后街逢源南街的群房相连。1987 年，房管部门实测龙津东路洞神坊的彭家大屋，测得该屋深达 35 米，共分三进，屋后段的 10.8 米范围内，建有三层楼阁，过厅有 15 平方米，主厅有 23 平方米，木饰精美，通风采光优良，实为儿孙满堂的大家庭式住宅。

（二）重视防水防潮的建材选择

因西关地段海拔较低，每到初一、十五等珠江潮涨的日子，江水便倒灌内街。广州夏天不时有暴雨、台风雨来袭，也造成水浸街现象。西关大屋的建筑选材，当然要考虑这些气候环境因素，注意选用防水、防潮的建筑材料。地基除少数打木桩处理外，一般采用天然地基。基础、墙脚、门框、窗框及天井、厨房、青云巷的地板等常选用广州附近出产的花岗岩石材。室内的地板，则铺以烧制的大阶砖。这些阶砖在广州农历二、三月极潮湿的“回南天”，也能吸收室内空气中的水汽，不会像石板和水泥地板地面那样凝聚出水珠。墙体的花岗岩石脚，露出地面部分都有几十厘米，有的甚至有 120～140 厘米，有效地保护了青砖墙体不受水淹、雨淋。用花岗石造的门框、窗框、柱础、屋外台阶、栏杆等，防水、防潮效果良好，坚实耐用（图3－9）。这些材料，由于产地就在广州附近，故成本较低。

图 3－9　大屋的墙裙、垂带石及石门框套

砖墙一般选用烧制坚实的优质青砖。西关大屋全部外墙及内部承重墙均采用双隅砖墙到顶，石灰砂浆砌结。砖长240毫米、厚90~100毫米，两墙中间有40~60毫米的空气间层，用以加强砌结灰浆粘接力。外墙面常为水磨青砖清水墙。大青砖以东莞出产的最著名，规格257×100×63毫米，表面经人工水磨，光滑平整。西关角地势低洼，以前每逢夏秋之季，因受洪水和潮水影响出现内涝或水浸街现象。西关大屋正立面常采用花岗石墙裙，

图3－10　蚝壳墙

可避免砖墙体受水浸后剥蚀损坏，具有防水防潮、维护临街立面美观的作用。尤其在其他一些城市，次要墙体或附属房间常用蚝壳墙（图3－10）代替砖墙，也是一种靠水近水就地取材的施工方法，坚实耐用，隔热隔音效果明显。

西关大屋所用木料则主要以防虫和坚实耐用为选用原则。如正中出入口的外矮脚双扇门、中趟栊门、内大木门，均由高级硬木制成。立柱、屏门、门、雕花檐板等选用坤甸木居多，也有选用樟木、花梨、菠萝格、柚木、酸枝等木料，屋梁一般选用杉木。由于广州是外贸口岸，进口木材方便，因此西关大屋很多大量选用各种进口洋杂木。大门的门板一般厚7厘米左右，一些西关大屋每扇门板由整块木板制成。楼板、楼上栏杆、楼梯等一般用杉板或杂实木（图3－11）。楼面板厚2.5厘米以上，拼合时要留子口接缝，以防渗水、落灰与漏光。

图3－11　室内栏杆

图3－12　室外宝瓶栏杆

有些西关大屋还在内廊、内花园等处使用陶瓷烧制的栏杆、窗花，有防潮防虫和美观的效果（图 3－12）。虽存在不耐受外力撞击的缺点，但是在使用中并无大碍，有些则作为建筑构件遗存下来。

（三）追求雅致大方的立面装饰

西关大屋的建筑装饰重点一是屋前正立面，一是室内细节部位的装饰。两侧青云巷要考虑过门装饰，而后面一般与邻里面对面相接，故无须刻意装饰。清代西关大屋的正立面虽然是重要的标志性部位，但总体看来装饰具有实用、美观、大方的效果，并不令人感觉做作、花哨、媚俗（图 3－13）。外表追求简洁、结实、防卫性能良好，刻意雕琢的地方只有脚门。趟栊门讲究操作轻便、平稳无声、安全可靠，仅仅在视觉显眼、受力不大、希望显得轻巧而又生动的部位适当加以艺术刻画一下。厚实木大门常常张贴字画，但不做兽头衔门环。石门套乃构图的主要要素，谁都希望能弄到个厚实、高大、色纯、整石的石门框套。石门套与青砖墙十分协调，在正立面构图中，起着关键作用。门，除了供人出入，还可发挥采光、纳阳、通风、排气的作用。

图 3－13　大门出入口处

在首进横跨三开间的人字坡瓦顶下，两边厢房前墙齐瓦面前端而建，中间正门则稍向内凹，在正门与街道间形成了一个有屋顶的空间。这个空间，起着保护大门免受日晒雨淋的自然侵蚀的作用，同时也使人在出入大门开门、关门时免日晒雨淋之苦。大门的设计宽阔高大，除了能显示主人的家居豪华气派外，以最大空间获得自然通风采光应该也是设计原则之一。大门由三重门组成，作用已在前面详述。正间屋檐处，常有一块实木雕饰的封檐板，上面一般刻有吉祥动物、花草图案，俗称“花茌”（图 3－14）。

图 3 - 14 花茌

西关大屋正立面装饰的最大特色是，在正面前承重墙前，加砌一堵用特制的东莞水磨青砖砌起的外装饰墙。这种东莞水磨青砖，先用一般方法烧制出优质青砖，再用水磨法把砖的一侧磨光滑，再把每个砖的上下底面向内挖出凹位，用以在砌墙时容纳起固定作用的石灰。这样，砌出来的装饰墙不仅砖面光滑美观，而且每层砖与砖之间的砖缝，可以小至 2 毫米左右，而且并不会因此而影响墙体的坚固度。但是这种装饰墙，只会出现在正立面，而绝不会出现在侧立面与后立面（图 3 - 15）。这体现了广州西关人在追求美观的同时，更追求务实，钱不花在不必要的方面。青砖墙体建筑在花岗石墙脚上，大门门框、偏间前窗窗框、大门台阶等都用花岗岩石打造，既是防水、防潮的需要，又显大方而华贵（图 3 - 16）。

图 3 - 15 西关大屋正立面的装饰墙剖面

图 3 - 16 花岗石墙脚

这种装饰风格，除了成为清代西关大屋的典型规范之外，也成了在清末民初西关大屋融合西式洋楼的特色要素。如耀华大街 30 号正间有一对高近 8 米的仿罗马柱，外加浅绿色的意大利批荡，80 年来还完好如初。建造商的商号“合昌隆”、批荡商“大利华”的标记至今还留刻在建筑物的细部。正间天台拦河还采用牌坊式的居中装饰，以显示主人的超群家势，可谓广州建筑工艺的精华之作。在内部空间布局发生较大变化的新西关大宅，以及因地制宜而建的西关“竹筒屋”，很多都传承了这种典型的西关大屋正立面装饰特色。

目前尚存的龙津西路逢源大街8号、长寿西路鸿昌大街22号、文昌北路耀华大街30号、多宝路宝庆新中约10号、宝华路十六甫东四巷16号等多处西关大屋，这种典型的正立面装饰仍较完好，不少西关大屋现被授予文物保护单位称号。

（四）充满文化生机的建筑陈设

西关大屋的外部，除正面前檐板和脚门有寓意富贵吉祥的精美雕花木刻外，其他部位装饰简洁大方。而西关大屋之内，除了有一般建筑的空间间隔装饰外，室内外均极重视细节上的装饰，而且其装饰极具文化气息。以中国书画作装饰是较普遍的艺术手法，给人在获得充分利用自然的宜居环境的同时，在心理上、精神上也有一种满足与享受。这些文化装饰细节，实际也反映了当时西关富贵人家的追求。室内装修十分讲究，陈设有家具、灯具、条幅、对联、书籍、古董、字画、瓶花、盆栽、笼鸟、镜台及各种艺术品和红木家具。精巧的木雕花饰、富有特色的满洲窗和槛窗及其独特的布局形式，具有浓郁的岭南韵味（图3－17）。

图3－17　大厅的陈设布置

图3－18　室内细木及彩色玻璃蚀刻艺术

西关大屋的间隔装饰，主要以木雕为主。如厅堂一般有较高的空间。

在入口，一般装饰以横跨整个开间的镂空木花格雕刻，填补了过多的空间，又不忘便利通风采光之原则。楼梯栏杆、楼阁栏杆一般以简洁的花纹装饰，方便清洁卫生（图 3－18）。

满洲窗和屏门上的玻璃，一般都蚀刻有精美的中国书画。蚀刻画一般都是以寓意富贵、吉祥、福禄寿等主题的动植物画、书法，给人以吉祥安康、前程似锦之感受。原清代宝华住宅区钟家花园的满洲窗就有商周青铜器、山水风景画、花鸟图等精美玻璃蚀刻艺术图案。逢源街内一西关大屋内，其屏门上的玻璃就蚀刻有“富贵上林”、“长乐甘泉”等字样的隶书、篆书书法，以及由蝙鼠（寓意“福”）、鹿（寓意“禄”）、鹤（寓意“寿”）构成的画和莲花、铜钱、古钱币等图案（图 3－19）。此外，这些屏门还同时有简洁的木雕花纹装饰。

图 3－19　满洲窗

下九路毓桂头巷一民居内，满洲窗中部是以彩色蚀刻花卉图案装饰，并以一四瓣花型木边框围住这花卉彩色玻璃，简朴美观而又别具一格。这间大屋内楼上一格房间门的装饰也颇独特，两扇长型木房门，每扇上方有 8 格玻璃透光，门的下方以简练线条的凹刻花卉画装饰。门头上有半月形门头窗，以鼎、花卉、古钱等图案彩色蚀刻玻璃画装饰。半月形窗上填补上木板间隔，并有简练线条的凸刻木雕花装饰，给人以美观清雅的感受。

在一些西关大屋的花园、花坛旁，主人往往也配上精美壁画、对联，使人在赏花之余，也置身于诗情画意之中（图 3－20）。小环境中藏着居住者的内心世界，也藏着宁静致远的大千世界。

西关大屋的大厅装饰，有别于一些江南民居雕梁画栋的过分修饰的造法，更多的是以可替换的传统文化挂件去装饰，以古字画、特殊纹理云石[①]挂件等去装饰。像前面提到的钟家花园，厅堂上挂的就是两广总督阮元题字的“平山积雪”云石大挂屏，以及伊秉绶书写的对

① 广东云浮出产的大理石。

图 3－20　壁画、石刻

联“书文变化日臻古，烟月空灵时有情”的木刻。三连直街的小画舫斋厅堂也挂上阮元题写的“白荷红荔泮塘西”的牌匾，而大门正中有上刻广东书法家苏若瑚题写的“小画舫斋”石匾。多宝坊的李文田探花第内，挂有慈禧题赠的“福禄寿”牌匾，以及著名书画家金农题书的“惠风和畅宜修竹，快雪时晴发早梅”的楹联木刻、著名学者陈澧题写的“泰华楼”牌匾、李文田自书的对联“万卷图书天禄上，两床丝竹水楼中”。在多宝大街的邓宫保第挂有成亲王题赠的“淇水烟波含春色，太行松雪映青天”楹联。

由于广州地区一年中热多冷少，而且多雨，空气湿度较大，因此最耐用的家具一是红木家具，二是陶瓷家具。

清代西关大屋的红木家具配置，一般都是成组成套的。红木指酸枝、花梨、鸡翅木、菠萝格、紫檀、红檀等产自海南、南洋的热带坚实木材。由于是外贸港，广州进口这些木材并不难，用这些木材制造的家具，坚实美观，防虫耐用，甚至可以几代人使用后都不会坏。讲求实际的西关人喜欢在西关大屋内配置上整套红木家具，主要有八仙台、桥台①、太师椅、活动屏风、杠床②、贵妃床、罗汉床、衣柜、睡椅、茶几等。明式的家具线条较简练；清式家具装饰木雕花纹较复杂。镶嵌有云石的台椅加上用藤条编织的坐垫，更加别具一格；也有以贝壳镶画装饰家具。家具是手工制作，木条与木条之间的接合全部用人工“入榫”精准而又牢固，不用钉，也不用胶水。厅堂的神楼前，一般摆放有高的长几、八仙台，厅的两侧，一般摆放太师椅等（图3－21）。

图3－21 中国味的小户人家木器陈设

陶瓷家具主要是作坐椅用的瓷鼓，为普通坐椅高，圆鼓状，中空。优点是夏天坐时极凉爽，而且搬至室外花园坐，不怕日晒雨淋；缺点是冬天坐时较冷，须加坐垫，而且没有靠背。西关民居瓷鼓以清嘉庆年间制的白瓷鼓、小金钱通花眼瓷鼓、蓝色四脚龙瓷鼓为精品。陶瓷家具的另一大类是陶瓷花盆架。陶瓷花盆架形似大花瓶，中空。瓷鼓、瓷花盆架的圆筒侧面均有镂空通花图案装饰。在多宝坊探花第小花园中，留存有一些较精美的瓷花盆架。

（五）花园、花局、花碟怡神之美

广州是花城，亚热带气候使这里四季如春，鲜花盛开。春天有桃花、茶花、水仙、红棉、芍药、玫瑰、桂花、百合、兰花等，夏天有茉莉、白兰、西番莲、荷花等，秋天有菊花、秋海棠等，冬天有牡丹、吊钟、木芙蓉、梅花、凤尾花、鸡冠花等。养花怡情，绿化环境，是西关人的一种生活习惯。

西关大宅一般配置有庭院。大屋内的花园，视周围的环境及主人的实力与爱好，花园的大小也不同。海山仙馆是一个西关园林建筑的典型，19世纪中叶由富商潘仕成所建，占地面积有数万平方米，其西南有荔枝湾涌，园内有大湖，有三小山、两塔，长廊曲榭环绕全园。

① 放在厅堂正面、祖先神楼之前的长、高木几，平时放置供品用。

② 红木硬沙发。

夏日，湖面荷花盛开，湖岸荔枝垂红，湖内花舫漫游，简直就是仙境般的享受。广州的官员，还常在此会见外宾。

建于清光绪后期的泮塘南岸环翠园，也是一个典型的园林建筑，坐落澳口涌旁，是回归故里的清代官员蔡廷惠的私家园林，占地2.3万平方米。园的东侧有大鱼塘，鱼塘南端有仿北京颐和园石舫的船厅，中南部建有参考成都杜甫草堂建的“望云草堂”，以及仿意大利式的“玻璃厅”，园内散落有序地种植有金丝竹、翠竹、铁树、灯笼花、白蝉花、石榴、龙眼、沙梨、青榄、凤眼果、香芒、木棉等花果植物，园的北部是杨桃园，三间两廊式住宅区位于西部，其南部有两株枝叶繁盛的大叶榕树。园内还养有孔雀、鹿、蜜蜂、猴子，寓意“爵、禄、封、侯”。

三连直街的小画舫斋，清末时内有园地1 827平方米，房屋770平方米。园内有回廊连接南面居屋及北面祖先堂，长廊间建有半亭，因常有文人骚客来题诗作画，取名“诗境亭”。亭外杨柳垂烟，地上碧草如茵，花石秀美（图3－22）。该园外围建筑主出入口回字门口阶台及“三大件”均具有明显的西关大屋造型特征。

图3－22　小画舫斋的家庙

西关宝源北街的“瓷器梁”梁大镛的梁资政第，是五开间、四进深的西关大屋，一侧有青云巷，大宅后部建有花园，园内种有木棉、桂花、葡萄、竹等，园内有池塘、船厅、扇面厅、凉亭。

多宝大街邓华熙的邓宫保第，是一座七开间、五进深的西关大屋，在西端三开间的前部辟有花园。

多宝坊李文田的探花第，其建筑大部分已毁，但仍存有70多平方米的内花园，种植有蕉树、棕竹等树，间种有绿萝等藤本植物，园中古井，水清量丰。

一般的西关大屋，从正门进入，在门官厅右手边的书偏，常有一个清静幽雅的小庭院，内部植有名贵花木，常见的有石榴、米兰、罗汉松、竹子、紫藤、棕竹等。靠墙大多筑有1米高的“花基”（花池），有意让植株的枝叶尽量地伸出墙外，接受更多的阳光，并创造一种“春色满园关不住”的美景。这是珠三角一带高密度住宅区庭院绿化的一种特殊手法。院内还配有小石山、石景、金鱼池或荷花池之类园林小品（图3－23，图3－24）。这些玩意儿会使你不由自主地得到“一室小景，有情有味，历久弥新”的观感。

图3－23　中西合璧式庭院

图3－24　逢源街某西关大屋庭院

在西关，寻常人家都喜欢利用8～10平方米的天井小院等地方，布设花局，种植灌木花卉，并于有漏花窗的壁上配以卷书、芭蕉叶、鱼、竹、龙①等寓意吉祥上进丰裕的图案灰塑。有的甚至利用瓦面，在瓦面的不太当风处铺上阶砖，摆上盆花。也有在屋旁街巷内，砌上花坛、花基，莳花植木、墙边种竹，别有情趣。这些绿化上的“小打小闹”，在西关成为一种平民化的花局（图3－25，图3－26）。

图3－25　悬挑式绿化

图3－26　室内外均可摆放的“园林瓷”

① 卷书寓意读书学习，芭蕉叶寓意创宏图大业，鱼寓意有余、丰裕，竹寓意节节向上，龙则是中国人尊崇的神化了的动物。

西关原有五开间的大型西关大屋，占地1 000平方米以上，屋旁、屋后带有花园，园中立有亭、榭等园林建筑小品，现已消失。这种带有大型园林的住宅，榜样来自江南苏州带有园林的官贵人文宅院。

在西关大屋内的厅堂，西关人家也往往摆放上花瓶、花碟，花瓶插上时花，艳丽开放，香色皆佳。花碟用来盛装刚采集下的新鲜白兰、茉莉、含笑等特别香的时花。不少大户还与花农特约，定期更换。除花碟外，还有用花穿成花蝴蝶等各种形状的花串，悬挂于阁楼楼板下，有香有型。这些都使厅堂充满自然的花香，给生活增添健康与情趣。

（六）厨、厕、青云巷的功能布置

厨、厕是家居中不可缺少的部分。在西关大屋中，厨、厕一般设在房屋的最后部分。

厨房一般保留空间直至屋顶，并在屋顶开有通天位置，形成一小天井，便于排烟，又利于采光。清代、民国时期，基本上是烧柴煮饭。灶的砌造，也都讲求热能的充分利用，使得在主灶堂烧饭菜的同时，能利用灶膛部分的热量烧热水。由此可见广州人的务实、节俭。同时，大屋的功能分区决定了一间大屋内只集中于房屋后部的一个厨房煮食。厨房较大，可有3～5个灶位。厨房有排污水渠，连通街道的排水渠，排走污水。洗澡房一般也设置于此，因为煮饭时间与洗澡时间一般不相同，空间可以错开利用（图3－27）。

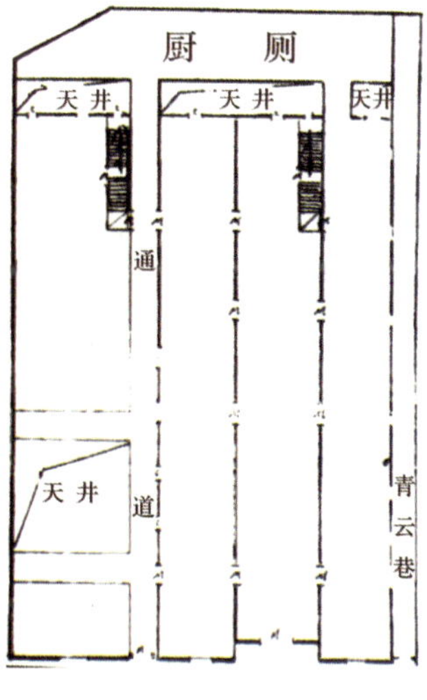

逢源北街西关大屋28号厨厕建于后院

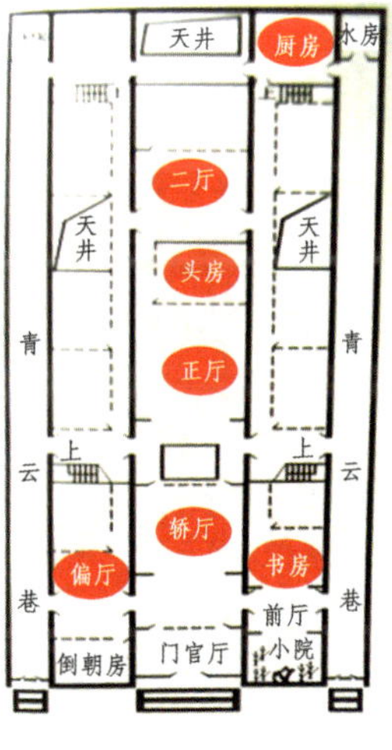

西关大屋功能分区示意图

图3－27　西关大屋功能分区

西关大屋的厕所，一般也设在房屋后部。在广州直至新中国成立初期，厕所一般是用大瓦缸装载粪便，不排入排污水渠。由泮塘等地附近的农民每天上门收集粪便，运回农村作肥料种菜。而到秋天，这些上门收集粪便的农民，会把收获的番薯、芋头，回赠各住户，作为取走肥料的回报。农业集体化后，则由城市的环卫工人清收粪便。新中国成立后，逐步建立了城区公厕网络，西关大屋人口增加，厕所转为以公厕为主。农民仍集体进城运肥。直至 20 世纪 80 年代，由于大量使用硫酸等化学物质洗厕所，这些受污染的粪肥有害于农作物，农民才不再青睐城市的粪肥。

青云巷是西关大屋的特色之一。在大屋的两侧，房屋与外墙间留出一条几乎同大屋一样幽长、宽 1.4 ~ 2.1 米的小巷，称为“青云巷”（图 3 – 28，图 3 – 29）。大家都知道，西关大屋是一种高密度的住宅建筑，它在剖面设计方面，充分考虑了亚热带气候的特点。它的两边采用了带 40 ~ 60 毫米空气间层的封闭式外墙，两侧互相遮挡，避免了太阳的直射、有效减弱了辐射热的影响。巷道中的自然风因过道收缩而加速，又有两侧阴影积聚冷空气，产生冷热交换的小气流，不断带走山墙外表面多余的热量，降低了周围的温度。

图 3 – 28　三水古村的青云巷

图 3 – 29　东华里（官家）青云巷

日常生活中青云巷还有以下功能：一是某些时候作为女眷或勤杂人员（仆人）回避，以及物品运输的出入通道；二是与邻屋设置了空间隔离，有利于防止邻居火灾祸及自身，起到隔火封火作用；三是在本大屋一旦发生火灾时，可作为安全通道，故又称“火巷”；四是可作大屋内的烟气强制排放的辅助通道，称它为“烟道”亦无不可；五是巷的旁边墙脚一般有明渠排水沟，是室外雨水的排水通道，故又起“水道”作用；六是一般为大屋水井设置处，生活、消防用水均在此汲取，称“水巷”意当在理；七是可适当用作绿化地，调节空间趣味、丰富视觉美感；八是可以乘凉，大屋的许多过道门往往开向巷里，巷道中的侧门口是一个重要的行为发生、信息传播的节点。一面在此闲聊几句家常，一面坐在巷口干点什么事情，同时享受过道的凉风，倒是一段特别惬意的时候。青云巷口的街门，有的在木门前还有类似于趟栊功能的几根隔疏竖立的活动圆木柱，人出入时可搬开木柱出入，平时插回木柱并锁上，打开木门，更利于通风。

青云巷的入口处常做成小门楼式（图3－30），设有一个类似正间门廊式的小门藏，再过去是一个小过厅的上部，有时还设有小阁楼，一般用作轿夫住宿。巷的尽端靠厨房处的小房间，多用作男人的旱厕和小便处、水井和冲凉房间以及杂草房等。青云巷除了有横门相通外，在书偏的楼梯间、书房和偏厅间也有横门相通。后面两处横门使用起来“急则开之、缓则闭之”（李渔：《闲情偶寄·居室部》）。当青云巷较长时，常在中间设门洞墙加以分隔，增加层次感，并冠以名家书法“贯月”、“步云”等横匾。仅从一个“巷”的设计，就可让我们看到，西关大屋有一个格局严整、紧凑、使用合理的平面构图。

图3－30　青云巷口小阁楼

封闭式的高大外墙隔音很好，即使室外有高音喊叫，室内也能获得一个安静与私密性好的居住环境。硬山搁檩结构碌筒瓦坡屋顶，无疑是当时抗震、对付台风袭击较好的防御措施。长长的青云巷，随着高高的封火山墙起伏连绵的节奏，似乎并不令人感到枯燥乏味。精明的建筑工匠和产业主人综合多种需要在巷道的前后出入口、中间某门道交汇处设置的多道过门，给人们带来某种悬念、惊喜和安全感，带来空间的艺术变化，改变长巷的透视效果；同时通过楹联、门额题字，设置屋顶脊饰、灰塑、砖雕、壁画等，用艺术的形式传递某种伦理思想，启迪人们的心智（图 3－31，图 3－32）。

图 3－31　青云巷外门

图 3－32　巷院过门

由于西关是商业繁荣的城区，土地宝贵，并不是所有大屋都能有两侧青云巷。实际上，能有两侧青云巷的只是少数，有的只有一侧青云巷，大部分没有青云巷。正是那些难能可贵保存下来的青云巷实例，让后来的人们真实感受到它有许多奇妙的空间设计和用途，还有许多奇妙的透视景观。

四、经典览胜

——已成珍宝的西关大屋

现存的西关大屋经典有变身博物馆群的广州市逢源北街西关大屋，整齐、干净、祥和的耀华大街，珠江南岸南华大街的潘家大院，芳村聚族而居的聚龙村，佛山市国家级文物保护单位东华里，澳门的卢家大屋，以及其他城镇残存的西关大屋等。认识它们，就是认识历史、认识文化，使我们的生活变得更加美好。

（一）变身博物馆群的逢源北街西关大屋

广州的西关大屋越来越少了。不过令人欣慰的是，在位于广州逢源路的荔湾博物馆内的西关民俗馆，我们还可以看到一座在陈姓大屋原址上复原的西关大屋。楼房是仿原貌修葺，通过家具摆设等陈列，大体再现了传统西关大屋的样式以及西关人家当年的生活情态，置身其中，可以重温昔日岭南独特的西关风情。

龙津西路逢源北街，以西关大屋集中区域，尤其是龙津西路以东的逢源北街段，以典型的清代三进三开间西关大屋为主。但可惜保护意识较迟，20 世纪 80 年代大屋已被拆除不少。直到 1993 年 8 月，广州市政府才把龙津西路以西的逢源北街段内的 13 号、80 号、80 号之一至之四、84 号、87 号和邻巷逢源沙地一巷 36 号，以及逢源大街 8 号、8 号之一、8 号东座、21 号，定为广州市文物保护单位，并把部分民国时期住宅公馆改建为博物馆。现把一些已向公众开放和待开放的有关建筑简介于下：

1. 逢源北街 84 号（陈廉仲公馆）与 82 号（原陈思豪宅）

逢源北街 84 号大屋为民国初期陈廉仲所建。陈廉仲（1884—1974

年），字仲荣、恒济，又名作殿，广东南海西樵简村人。祖父陈启沅（1834—1903 年），南洋归侨，于 1873 年在家乡创办中国第一家机器缫丝厂“继昌隆”，在广州西关扬仁南街开设昌栈丝庄，促成了 19 世纪后半期至 20 世纪初种桑养蚕业（农业）、机器缫丝业（工业）、生丝贸易业（商业）的经济新增长点，是近代第一位民族资本家。由于其兄陈廉伯从小过继给同宗二伯婆，陈廉仲实际上是长子，因此，他继承了祖父和父亲的生意。他为人精明干练，忠厚大度，19 岁出道经商。民国十年（1921 年），被委任为广东造币厂厂长，后因商务繁忙，未暇兼顾，辞去此职。民国十二年（1923 年），陈廉伯被推举为广州总商团团长，陈廉仲也活跃于广东商界，关心海外贸易的发展。他在丝业、银行、矿业、保险等方面均有丰富的管理经验，曾任公益保险公司经理、地利矿务公司及太华保险董事，并设立多家银号，借以调剂市面金融。同时，他也热心慈善，曾历任广东粮食救济会财政主任、广东慈善救济会财政主任及粤省商团理财长等职，每遇地方公益、家乡困难、市政金融问题等，他都鼎力相助，并捐垫巨额资金。1913 年，政府以其热心公益，有功实业，奖给他四等嘉禾勋章。他亦成为汇丰银行买办和广州商团团长。

陈廉仲公馆是中西合璧的园林建筑，原占地约 900 平方米，其中约 700 平方米是庭院。院门为花岗岩西式大门，紧连一砖木结构门楼，下可停轿，上还有一小楼阁。院内有一座西式的砖木结构三层洋楼，洋楼的南面和西面是一座绿树成荫的中式花园。洋楼的正立面的三层均有回廊，建有欧式立柱。首层回廊入口和第三层回廊各柱位间均以拱形装饰，顶层圆拱顶部为三角形山花。二楼设陶瓷瓶形栏杆，三楼设铁铸通花栏杆，给人以简洁、美观、西化的感觉。首层铺水磨石米地面，二、三楼铺木地板。大楼空间结构延续了西关大屋每层空间高、采光通风好的特点。在房屋空间结构设计上，也延续了西关大屋与传统民居的特色：东面是独立的梯间，保证了各层独立使用。主楼部分为一正一偏设计，以正间主厅为中心，通达后座与偏间的行房，适合大家庭的统一与分开使用。

内院原有三座以英石砌筑的石山，其中一座“风云际会”石山群筑于深水池间。据其五子陈少恂介绍，该石山建于 1920 年左右，由当时的管家带领几个工匠建成，管家对园林艺术情有独钟，庭园的一山一石、一树一木，均由他设计布置，并深得陈廉仲赞赏。现石山上已长起一棵有几十年树龄的榕树，其根系已与石山联成一体，起着支撑石山的作用。因此，这里又有“石上飞榕”的景点名称（图4－1）。区绿化委定期削小树冠，以免大风刮倒此树。院内还有大白兰、龙眼等树，龙眼树现在每年还挂果。院内原有一水池，可直通院外的西关上支涌。以往，陈廉仲及家人可由此坐自家汽船出珠江，是一便捷的水上通道。院内还有一座西式小亭，架于假山之上，颇有中国古典亭榭的布置风味。

图4－1　石上飞榕

图4－2　博物馆入口

1996年荔湾区在此办起荔湾区博物馆（图4－2），展示荔湾昔日的民俗文化。西关上支涌在90年代被覆盖，辟为马路，临马路面的西面开为博物馆大门。2010年，荔湾区在西关上支涌这一段揭盖复涌，并拆除文塔①周边建筑，亮出文塔。博物馆原大门被拆除，整个陈廉仲公馆与周边的蒋光鼐故居、陈廉伯故居，以及逢源大街的小画舫斋、逢源大街8号民居和涌旁的明代建造的梁家祠等，形成一个西关大屋群，与1958年泮塘一带开挖的莲藕塘、1959年建成的荔湾湖公园一起，重新形成美丽的荔枝湾风景区。

逢源北街82号原是一间典型的三间两廊西关大屋，现存三开间两进，民国时期业权为陈思豪所有。近年，经修缮后，荔湾博物馆把其扩大为西关民俗展区，展示西关大屋的具体结构，如天井、通天、天窗、花局、青云巷、满洲窗等，同时展出了西关人家的日常生活用具。

① 据估计是明末清初建筑，为供奉文曲星、振兴当地文运的风水塔。

2. 逢源北街87号（蒋光鼐故居）

楼房坐南朝北，前座宽17米，后座呈不规则状，两侧较深。占地面积约300平方米。楼高三层，屋内结构为砖木与钢筋水泥混合结构。外墙为西关大屋青砖石脚墙体，大门也是典型的西关大屋的脚门、趟栊、实木三重门。正立面首层两侧有两侧门，花岗石门框，石门楣上分别刻有“涉趣”、“萱圃”字样。正立面三楼正中有由四根西式支柱撑起的阳台，顶层天台则饰以简洁的陶瓷瓶形栏杆，给人以中式为主、西式相辅的感觉（图4－3）。室内间隔有多个房厅，有西关大屋式的通天（井）通风采光，四周窗户也较多，适合特大家族聚居。该楼原为陈廉仲产业，抗战前被蒋光鼐购买。抗战胜利后，蒋光鼐全家及部分勤杂人员搬入此屋居住。后蒋光鼐筹办莞旅中学，帮助在广州的东莞子弟入学，因学校难以找到合适校舍，蒋光鼐遂借出此楼，全家搬往比此楼面积小得多的东山新居，部分亲属尚需动员回乡。新中国成立之初，莞旅中学并入广州市第二十九中学，此楼用作该校教工宿舍。后来蒋家将此楼捐给政府。21世纪后，政府对此楼进行了维修，并于2011年建成蒋光鼐故居纪念馆，它是荔湾区博物馆的一部分（图4－4）。

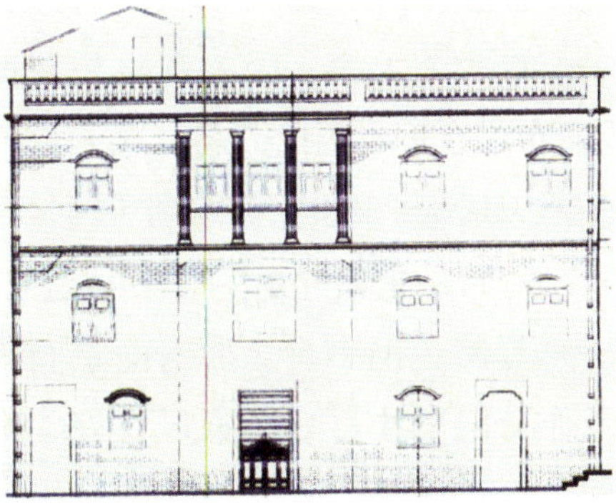

图4－3　立面图

图4－4　正面透视图

蒋光鼐（1888—1967年），字憬然，东莞人，早年参加同盟会。1917年任护法军政府大元帅府警卫团长。1925年任国民革命军第四军第十师副师长。1926年参加北伐，后任第十一军副军长兼第十师师长。1930年任第十九路军总指挥兼济南警备司令。“九一八”事变后，调驻沪宁，兼任京沪卫戍司令。1932 年 1 月 28 日，日军突然进攻上海，蒋光鼐与蔡廷锴率第十九路军英勇抵抗，打败日军多次进攻，是我国“九一八”事变后首次成功抗击日军的阵地战战例。随后，十九路军被蒋介石调往福建“剿共”。1933 年 11 月，蒋光鼐与李济深等发动反蒋介石的福建事变，成立中华共和国，任财政部长。事变很快被蒋介石铁腕平息。蒋光鼐逃往香港，组织中华民族革命大同盟，创办《大众日报》。1935 年，蒋光鼐联合十九路军将领，呼吁联共抗日。后任军事参议院参议，第四、第七战区副司令长官等职。1946 年，与蔡廷锴等在广州成立中国国民党民主促进会。1948 年在香港参与组织中国国民党革命委员会。1949 年，蒋光鼐赴北平参加全国政协第一届全体会议。新中国成立后，任纺织工业部部长、全国政协常委、民革中央常委、全国人大代表等职。1967 年，病逝于北京。①

3. 逢源大街 21 号（小画舫斋）

在与陈廉仲公馆一街之隔的逢源大街 21 号内，有清代名园小画舫斋。实际上，最初小画舫斋并不是在逢源大街，而是在与逢源大街一街相隔的三连直街 80 号内。此处原为与清代富商潘仕成建在泮塘的豪华庭院海山仙馆隔田相望的叶氏小田园中的一部分。据购买此地的新加坡华侨富商黄景棠《倚剑楼诗草》记述，小画舫斋建成于清光绪二十八年（1902 年），是一座环形园林式的西关大屋，因内有一仿花舫建筑——船厅，且整座建筑小巧玲珑，布局合理，因而命名“小画舫斋”。正门门额石刻上的“小画舫斋”四字，为清末书法家苏若瑚所题。

小画舫斋原有建筑分为三部分：南面是主人起居室，中间是家庙，西北涌边是船厅。南面入门原为一别具特色的书轩，原南向正间为大厅、内院，偏间为三进的以内通天作分隔的小厅房，通风良好，幽雅别致。厅后为内院，院内鱼池、假山、游廊错落有致，清静幽雅。九里香、白玉兰、茉莉花、米兰等花草树木遍植庭中，散发出阵阵幽香。长廊中间，建有半亭，因便于观花赏月，吟诗作对，取名“诗境亭”。院内处处体现出岭南园林建筑的神韵（图 4－5）。院西有家庙与船厅。家庙为一不大的略近正方形、四檐滴水砖木结构建筑，宽 8.5 米，深

① 参见广东省中山图书馆、广东省珠海市政协合编《广东近现代人物词典》内“蒋光鼐”词条。

9.3 米，台基用青石砌筑，地面铺黑白相间的云石，其外廊与院内回廊相接，可通达院内各处。唱戏可以娱神，估计庙前曾唱过戏，故又叫“戏台”。

图 4－5　小画舫斋船舫与平面图

船厅位于河涌旁，为仿船体两层建筑，两层均以到地面木疏格花罩分为主厅和端厅。二楼挂有两广总督阮元题写的“白荷红荔泮塘西”牌匾。两层主厅，均可开筵 4 席，足可见此仿船建筑为当时南粤庭园建筑之首。船厅在 20 世纪 90 年代盖涌修马路工程时怕影响安全拆去，铺好路后又在原址用原材料复建，但已有别于原貌。西院临涌处，开有小门，供舟楫停泊，运所需食物、货物进院。全院占地面积达 1 800 多平方米。北面逢源大街一端的也是西关大屋式两层砖木结构房产，是小画舫斋主人于 1922 年向该楼原拥有者陈祝三买下，小画舫斋由此多一门口，并在此门增挂上逢源大街 21 号门牌。

主人黄景棠，字诏平，广东台山人，自少随父黄福经商。黄福经过辛勤努力，逐渐发家，在新加坡开办了橡胶园。黄景棠是黄福长子，长大后返回广州与马励芸女士结婚。黄福去世后，黄景棠继承了不少财产，他在广州西关荔枝湾购买了叶氏小田园的一部分，建造了小画舫斋。与此同时，黄景棠还须管理在新加坡的房产与橡胶园，夫妇俩经常来往于广州、香港、新加坡之间。

两夫妇亲眼目睹新加坡、香港等地妇女地位的提升，决定在当时“男尊女卑”观念严重的广州办一间女子学校，倡导妇女解放、培养女性人才。1904 年，他们在西关三连新街创办了私立坤维女校。黄景棠任董事长，马励芸任校长。校务实由马励芸的五妹马存泽负责。1907 年在多宝大街尾建成新校舍。1908 年，该校增办师范班。1912

年改为私立坤维女子师范学校。在20世纪20年代大革命时期，广东最早期中共党员谭天度曾在该校任教。以后成为杰出共产党人的陈铁军、区梦觉曾在该校就读。1928年，因当时教育部规定私人不准办师范学校，改回坤维女子中学。日军占领广州期间，学校停办。马励芸在抗战胜利后病故于由新加坡返回中国途中的轮船上。抗战胜利后，于1947年秋复校开课，由他们的七媳妇邓蓉磬任校长。新中国成立后，与培英西关分校、莞旅中学等共6家学校合并成荔湾中学。荔湾中学1956年改称广州市第二十九中学，1998年改名西关培英中学。

黄景棠还于1906年9月在广州西关第七甫100号创办了《七十二行商报》，一周出报6日，仅星期日停刊。该报是在《总商会报》停办后，商人重新集股开办的。该报代表商绅维护商办粤汉铁路利益，日出纸三大张，后来成为广州君主立宪派的报纸。

小画舫斋主人黄景棠雅爱诗书画，因此常请诗书画名家到斋雅集。名家中因而有不少赞咏小画舫斋的诗书画。民国期间广东著名的“黄诗陈词”的诗人黄节、词人陈述叔，就常为小画舫斋座上客。黄节有诗《中秋夜集小画舫斋与陈述叔谈诗》云：“连年望月今宵意，兹地兹游略可寻。人与沧桑同一醉，江随凫苇日相深。歌声隐隐城西路，巢语喁喁露底禽。似为谈诗接寥寂，更无秋思到清阴。”该院的藏联“得好友来如对月，有奇书读胜看花”，反映了院主人的情操。

民初，黄景棠去世，小画舫斋由黄福第七子黄子静入住。黄子静曾留学英国，但归国后，穿衣方面不喜欢西装，而喜欢唐装。在文化爱好上酷爱中国书画艺术及收藏古玩文物，常邀诗人、墨客、画家到斋畅叙，黄咏雩、李曲斋、朱庸斋等岭南名家是常客。20世纪50年代，黄子静任广州市侨联委员、政协委员。他把部分藏书捐献给中山图书馆，获文化部门表彰。

（二）保留完整的西关大屋群落耀华大街

耀华大街位于文昌北路，东西走向，约100米长，是一条较完整地保留清末、民国几种不同特色的西关民居的街巷。耀华大街原为清代广州西关宝华住宅区的一部分，现有西关民居三十多间，除一家加层改建外，其余基本保留原有风格。2000年12月，被列为广州市第一批历史文化保护区（图4-6）。

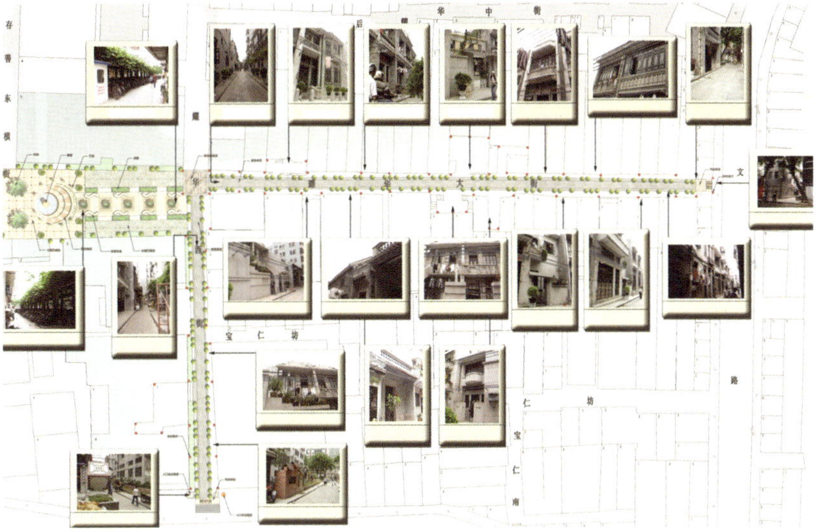

图 4－6 耀华大街街区总平面图

耀华大街内的民居大致可分为三类：

一是两开间的清代西关大屋。这类大屋在这条街有两间——耀华大街 11 号和耀华大街 17 号（图 4－7）。正立面是典型的水磨东莞青砖加花岗岩石脚。全屋仍是砖木结构，屋顶仍是人字坡屋顶。耀华大街 11 号，特点仍是屋深且高——深约 30 米，首层的空间也较高，中间主梁到地面有 7 米以上的高度。这样的结构能较好形成空气自然流动，有利于在夏天抵御炎热。

图 4－7 老式的西关大屋

二是富集西关元素的西关小洋楼（图 4－8）。这条街绝大多数房屋属于这类。这些房屋基本都拥有西关大屋的标志——脚门、趟栊、实木大门三套门，但基本上都不是人字坡屋顶，而是建有平天台的两层小洋房。这些屋正立面大部分使用了传统西关大屋的青砖、石脚、石门窗框的建筑用材。一些大屋还有西关大屋式的一正一偏间的空间间隔设计。少数屋前面有一小院子。一些屋正立面的花岗岩门框、窗框上装饰着一些简洁的凸雕花纹，因而更像小洋房。但是这些小洋房内的室内装修和摆设，则普遍为中式，如普遍使用中式红木家具。

三是全洋房式（图4－9），耀华大街30号即属于此类。这是一间两开间相连的洋楼，可能是出于防水淹的设计，首层的地面比街面高了约半米，正门须拾级而上进入。正门两侧两条高大的西式立柱由街面的柱础，一直延伸至二楼顶上的天台底部，彰显楼房的高雅、庄重。二楼有大小阳台各一。正立面门窗总面积占了正立面面积一半左右，保证了良好的通风采光。

图4－8　半洋房式

图4－9　全洋房式

耀华大街的西关大屋群，俨然就是近代西关民居博物馆（图4－10）。我们希望将这些记载着历史人文、具有历史价值和纪念意义的建筑保护好，做出切实可行的规划，按不同层次的保护对象，保护耀华大街可持续发展，让所有后来人都记住这里曾经有过的辉煌和难忘的人与事。

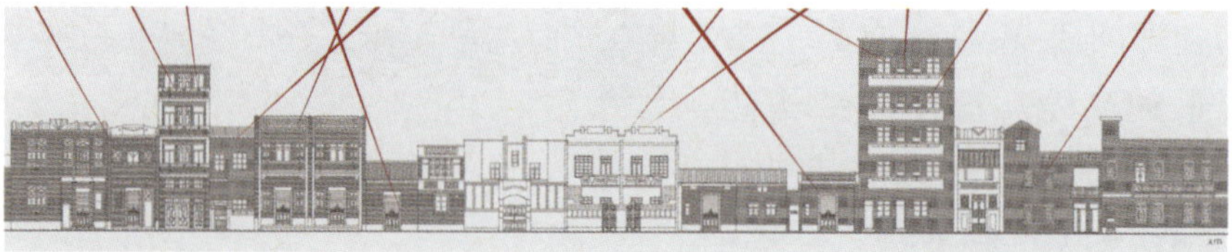

图4－10　街北立面

据调查，以往这里居住的有医生、商人、粤剧艺人、报人、教师、公务员等。其中之名人，当数曾居住在耀华大街30号的广东爱国商人、文化名人黄咏雩。

黄咏雩（1902—1975年），字肇沂。父黄显之，在广州沙基经营米业。黄咏雩19岁就跟随父亲学习商业经营管理，多次捐助米粮、资助军饷，支持孙中山革命。省港大罢工期间，协助罢工委员会解决罢工工人的吃饭问题。1932 年，黄咏雩率团赴上海慰问十九路军抗日战士。1933 年，黄咏雩与人合股开办了广州首家公共汽车公司——利国民长途汽车公司。黄咏雩获推举担任广州市长途汽车工会主席、广州市米粮行同业公会主席、广东省商会联合委员会主席等职。抗战胜利后，他热心慈善和教育事业，资助广东国民大学等学校办学，义务担任广州市爱育善堂整理委员会主任，资助赠医施药。黄咏雩还喜爱文物收藏，即使在抗战动荡岁月，他也与在香港避难的叶恭绰成立中国文化协进会，宣传保护和抢救文物。黄咏雩还是一位诗人，当时与黄祝渠、黄慈博、黄任恒并称“四黄”。

图 4－11　西关大屋一条街

（三）十三行时期南华西街的行商大住宅

第一次鸦片战争前，广州十三行的行商享有官府特许的对外贸易特权，因而吸引了内地各省商业精英来广州经商。一些行商在生意获得成功后，就在广州兴建自己的家园。而由于广州西关主要是十三行商埠所在地和城外岭南水乡风景区荔枝湾所在地，在这里建造住宅成本较高，而且也难以获得较大地块兴建较大型私家邨屋。因此，一些精明的行商便看中了十三行对岸俗称“河南”（珠江河之南，今海珠区）的土地。由于珠江大多数日子是风平浪静的，河南地价较西关便宜得多，而且较容易得到较大地块，十三行中的潘启官、伍浩官、叶仁官等行商就在此建造自己的广州家园。他们在河南建造的住宅，当然也把当时代表岭南最宜居民居的广州西关大屋的特色，最大限度地应用其中。因此，这些行商的河南家居，也是广州西关大屋的典范。

街区内留传至今的还有“十三行”的历史遗存。清乾隆年间，福建人潘启驰骋南粤商场，精洋务，通外语，一手建立同文行，长期连任广州十三行总商，远销茶叶到吕宋、瑞典等国。乾隆四十一年（1776 年），潘启在广州河南乌龙岗购买大片田地，修第宅、筑祠堂、建花园。潘家在南华西所建的潘氏花园，取名“能敬堂”。东至风光旖旎的漱珠涌，北接悠悠珠江水，规模宏大、雍容华丽，名噪南粤。在极尽奢华的庭院中，处处种植着稀有古树、珍奇花卉。园子里还养着鹿、孔雀、鹳鸟以及鸳鸯。

潘家、伍家实力雄厚，他们就以漱珠涌为界。嘉庆八年（1803年），富商伍秉镛也在漱珠涌东与海幢寺相邻的位置，兴建伍家祠堂、“西关”大宅与“万松园”。当地有个小土丘，称为“漱珠岗”，据说站在上面可以眺望漱珠之景。至今仍有“伍家祠道”巷名为证。十三行叶家则在伍家的西边建大屋。

潘家所建潘家祠堂与大宅，至今仍有“潘家祠”街名为凭。随着岁月的流逝，如今，仅有潘启官一世潘启和潘启官三世潘正炜建造的大宅相对较完整地保留下来。下面是对这两大宅的简要介绍：

1. 潘启大宅

潘启，又名潘振承，1714 年 7 月 23 日生于福建省同安县，卒于 1788 年 1 月 10 日。由于家贫，在 1727 年康熙第二次取消海禁时，年仅 14 岁的潘启已登上海船当了船工。后来随船来到广州，在一陈姓洋行中服务。在工作多年后，积累了经验和资金，潘启申请并获准开办了同文行，此时应为 18 世纪中叶。而在此之前，潘启曾随船三赴菲律宾，并学会了英语。由于坚持诚信经商和学习外商的贸易方法，潘启赢得了外商的信赖，每年获得较高的贸易额。1757 年，清政府独留广州口岸对外通商。1760 年，潘启等九家行商呈请复建规范行商行为的“公行”，并被推举为公行总商。直到潘启去世前 28 年间，他一直被推举为行商首领。1776 年，他在河南漱珠涌西部滨江地区建造自

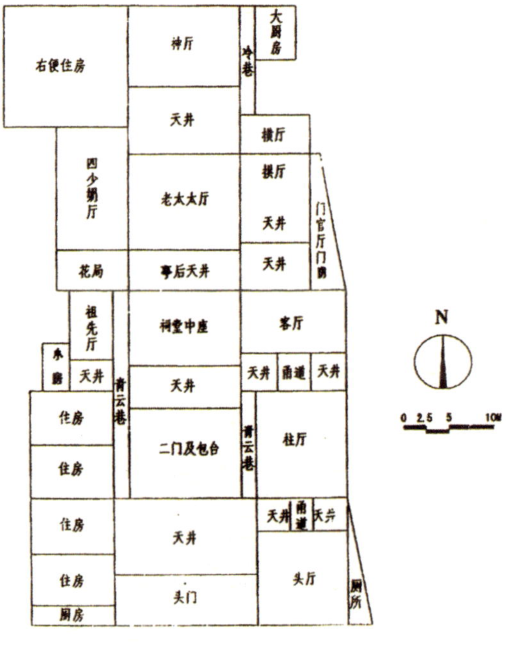

图 4－12　潘正炜建的祠堂住宅平面图

己的家园和祠堂，当时包括花园和池塘共占地约20公顷[①]。其主要居屋和祠堂区，在今同福西路龙溪首约转栖栅街的潘家祠道的西侧，占地约4 000平方米，首层建筑面积约2 800平方米。主建筑三路四进，坐西朝东。中间的一路，头三进是祠堂，其余均为家居。每进间有天

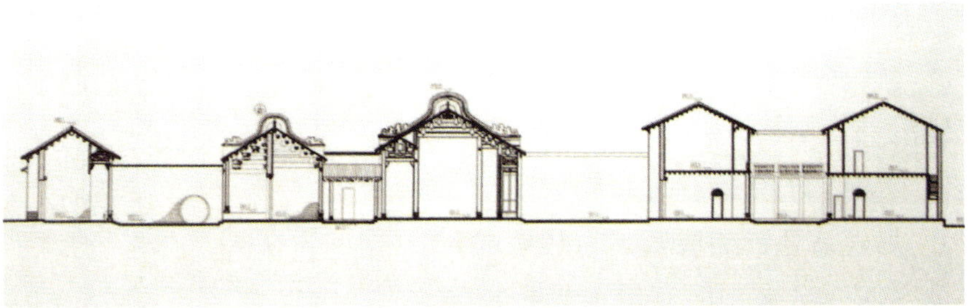

图4－13　祠堂老太住宅纵剖面

井相隔，每一路都有青云巷分开（图4－12）。祠堂两侧的两路住宅的每路，以及中路第四进住宅（图4－13），均以西关大屋式的一正两厢三开间分隔。中间三路建筑的两侧外，分别是两列与中间主体建筑平行的、每侧十余间的单间民居。建筑排列整齐有序，用料精良。中间部分主体建筑梁、柱等木料均用坤甸木，墙体均用优质青砖石脚。室内间隔屏门，均有简洁通花和凸雕花图案（图4－14）。大约与此同期，潘启还捐资修筑了这一带附近的漱珠、还珠、跃龙三桥，改善了这一带的陆路交通。

图4－14　雕刻精美的木构件遗存

20世纪50年代后，主体建筑的中路和北路，被用作某工厂工人宿舍，原建筑内部结构也尽毁，被重新改建。唯有一直由潘家后人居住的南路建筑保全较完好，首进内厅之景观与清代古画中所画的潘启宅厅室内景画（图4－15）基本一致。主体建筑两侧的单间家居建筑长列，也基本保持完好。

① 即200 000平方米。

2. 潘正炜所建潘氏大院

图 4－15　外销画中潘家大院内景

潘正炜（1791—1850 年），号季彤，商名绍光，是潘启之孙，潘有度之子。潘有度在 1788 年接任父亲的行商事务时，因当时清政府对行商实行了一种经济责任连坐制度（即对已破产且不能还清外商欠款和国家税收的行商，其他未破产行商必须帮助他们还清欠款），加上清廷日益腐败，对行商的苛捐杂税越来越多，潘有度已婉拒继承父亲行商首领的名衔。

1796 年，行商总商蔡世文因破产自杀，潘有度由于其能力与实力超群，不得不当上总商。至 19 世纪初，由于鸦片走私日趋严重，经营环境日益艰难，加上行商必须为承保的外商人员在广东的违法行为负连带责任，潘有度努力创造条件辞去行商及种种名衔。1808 年，他如愿退出。但在 1815 年，他被清政府强迫再次出任行商。1820 年 10 月潘有度去世后，在其他几兄弟都不愿接手充任行商及清政府的一再追逼下，潘有度的第四子潘正炜身不由己地继承了行商地位。但是，他请比自己大 20 岁的堂兄潘正威及其子潘仕成帮助管理日常事务。直到 1842 年第一次鸦片战争结束，《南京条约》签订，十三行行商的官商垄断外贸特权被取消，他便把商行转让给了潘仕成。① 潘正炜喜好中国书画，除收藏和摹刻名家作品外，自己也为后人留下了很多书画作品。

约在 1826 年，潘正炜在潘启大宅南面一百多米远处修筑了他自己一族的潘氏大院，屋坐北朝南，位于今同福西路南侧的龙庆北街。宅东侧紧接龙溪首约，由此可通潘启大宅。潘正炜的潘氏大院初建时是三开间四进，建筑格局类似于西关大屋格局，但是中间开间比两侧厢房宽，中间的二进、三进用作本族的家庙，其他部分用作家居和文物收藏间。室内具体间隔如图 4－16 所示，每进间有天井或小花园相隔。梁、柱也均用坚实的坤甸木。正立面是典型的西关大屋青砖石脚和脚门、趟栊、实木大门三重门。中间二进的家庙设置有专门大门，入口

① 潘正威已于 1838 年去世。

两侧有高于地面约70厘米的钓鱼台，估计是用于祭祀时的物品机动堆放点，或可用作戏台。19世纪末，潘正炜的孙一代填了第四进后的池塘建造屋舍，使房屋深度由四进延伸为五进。第五进正立面二楼，安装了大面积的西式可开合木百叶窗，体现了行商实际促进的中西文化交融的成果。全大院原宽度约30米，总进深约80米，建筑占地面积约2 400平方米。建筑物全部为砖木结构。有的地方设计特别，在中式屋顶下，装上西式吊架装饰。屋脊形式为龙舟脊，两边有镬耳形封火墙，封檐板雕刻精美。

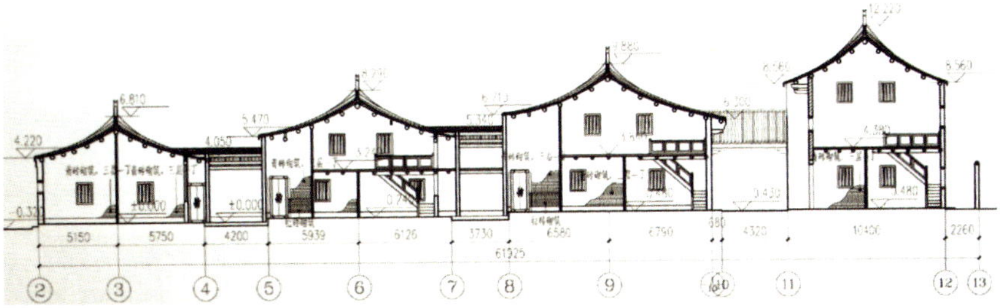

图4-16　潘启大院纵剖面图（南华西街提供规划方案）

潘正炜还建有秋江池馆和清华池馆等园林建筑。潘正炜的书房和藏宝阁、赏景楼——听颿楼，就在秋江池馆上。据潘正炜的女婿、诗人陈春荣记述：“听颿楼，潘季彤观察筑，在河南潘园秋江池馆上。楼下藕塘花架，月榭风廊，曲折重叠；迷目楼上，俯鹅潭，往来帆影，近移树杪，观察读画摹帖于斯，一乐也。”幼时曾在潘家读书的爱国诗人张维屏，写有《潘季彤新构小轩为赋一诗》：“江村成小筑，放眼浩云烟。屋有百年树，台临千里川。潮来闻荡桨，雨过看耕田。此地童时熟，回头已卅年。”①

潘正炜的潘氏大院西北侧毗邻其堂兄潘正衡的双桐圃。大院西南侧后为十三行茶商张殿铨的宅第。新中国成立后，这两处连同潘正炜的潘氏大院西侧厢房及空地均被征用，拆平后建成广州市第三十三中学。潘氏大院中的第四进余下部分，也被拆平，改建成楼房。除去这两部分，潘氏大院其余部分原建筑基本保持完好。原家庙在“文革”以来曾用作办街道工厂，在其内加建了一些楼阁，但没拆除原建筑。

① 参见潘刚儿等. 广州十三行之一——潘同文（孚）行. 广州：华南理工大学出版社，2006.

因此，只要拆除加建部分，潘氏大院的中间和东侧建筑就可原貌还原。第五进一直有潘家后人居住，虽然有些地方残破，但仍基本保持原貌（图4－17）。

海珠区现正制定上述两处潘家大宅和位于海幢公园北侧的潘氏后人在民国时期建的大楼（已定为全国重点文物保护单位）的保护、开发和利用计划。

图4－17　潘家大院第五进现状

（四）从农村聚落转到城镇聚落的聚龙村

聚龙村，又称邝村，位于芳村冲口，占地面积约13.3万平方米，于光绪五年（1879年）动工，为祖籍广东省台山县冲云乡苍下村举族搬迁广州谋生的邝氏族人合资兴建。其规划较整齐，房屋结构和所用建材类似于广州西关大屋，建筑经历了一百多年仍基本保持良好。2000年12月，被列为广州市第一批历史文化保护区。它的存在，反映了中国人由农村聚落向城镇聚落演变的时代背景和实物见证，记载了广府人走出乡里、打拼世界，聚龙村首任村长成为旧金山商人的故事，也反映了保护西关大屋建筑模式深刻的历史纪念意义。

聚龙村的第一个特点是规划整齐。

聚龙村中各栋房屋基本上是同时、同期修建的，用料统一，规划整齐，坐向一致。建村之初，共有民居20栋（1～20号），全取广州地区最宜于生活的坐北向南朝向。绕村原有高约3米的围墙，村围墙的东南角、西南角各建有一座更楼，村前还有一幢私塾书舍。1914年增建1栋民居（21号），20世纪30年代11号、15号民居倒塌。新中国成立后，围墙、更楼、书舍毁坏，现实存民居19栋。聚龙村民居的建筑风格是岭南农村院落式与广州西关大屋式风格相结合。房屋以近乎长方形的方阵排列。横分三排东西向排列，由村前南起第一、二排民居相连，第二、三排间有一条街道相隔，纵向以六条各宽2.2米的巷道把房屋分成7路，增建的21号民居位于西侧自成一路。村内民居的基本结构格局是西关大屋的“三间两廊”式，砖木结构，硬山顶，碌灰筒瓦，青砖花岗岩石脚墙体，巍然壮观（图4－18，图4－19）。

图 4－18　院落景观

图 4－19　鸟瞰景观

第一排民居 1～7 号，坐落村南，门前均各有用砖墙围出同样大小的小院子，门口由院侧进入。每栋民居宽约 12.5 米，进深约 17.8 米，高约 7 米。其中中间的 4 号屋比两旁的稍高。每栋占地约 222 平方米。另加齐屋宽、深3 米、约38 平方米的小院子。民居的门窗框均为花岗岩石框，配置西关大屋式的脚门、趟栊、实木门三重门。首层有门官厅、前厅，随后是天井，天井后是第二进的厅堂，设有神楼。厅内有中堂花罩装饰。神楼之后有厨房。大厅两侧是厢房。二楼间隔有走道与房间。

第二排民居 8～14 号，连已倒塌的 11 号，不算新增的 21 号，也是 7 栋，紧接第一排民居而建，面积一样，高度稍高 0.7 米。屋内间隔基本一样，但没有第一批民居的小院子和南向正立面，每栋屋设有从东西两廊侧面进入的两套西关大屋式典型三重门。新增的 21 号，突出在这排房子西侧，占地面积一样，但在南向设有一小院子，房屋南面正立面与第一排房一样，是典型的三间两廊式。

第三排民居连已倒坍的 15 号是 6 栋，与前面两排房子从西侧对齐。每栋屋面宽 12.6 米，进深 15.3 米，每栋占地面积为 193 平方米。楼又略高于第一、第二排民居。南面正立面与第一排民居类似，为典型三间两廊式，但正门前没小院子，是直接正对街道。二楼均有小阳台，阳台窗楣有精美灰塑花饰，以中式风格装饰为主，间有采用一些西式装饰手法，室内布局与第一排相似。第二层内廊镶嵌满洲窗或彩色木格玻璃窗。这排房屋的建材和建筑工艺明显比前两排民居好。其中的 16、17、18、19 号，已于 2002 年被定为广州市文物保护单位。

聚龙村的第二个特点是有较多名人故居。

第一排中间的 4 号，是邝其照故居。邝其照生于 1843 年，因精通

英语，在1874、1875年分别作为清政府派赴美国留学的第三批、第四批幼童的带队老师前往美国。在带第四批幼童到美国后，留在清政府派出的出洋肄业局当翻译，后随驻美副大使陈荔秋经办商贸事务。在此期间，他编印出版了两本英汉词典。① 1885年奉派归国，在广州协助办理口岸通商事务。1886年，在广州创办《广报》，时有评论时政。在广州期间，一直在聚龙村4号居住，支持孙中山领导的民主革命。其逝世年代不详，约在19、20世纪之交。

聚龙村5号是邝伍臣（1850—1929年）故居。邝伍臣自小随父在广州经营工商业，23岁时就在广州高第街创办美男鞋厂，产品远销东南亚。1879年，受族人推举，筹建聚龙村，负责组织规划、设计与施工，并当了聚龙村首任村长。1904年，在广州第八甫创办天元茶楼②，在杉木栏开设同珍茶叶店。民国初年，在新加坡开办南生杂货店，并把生意推广到美国旧金山，在那里开办“利源押”当铺。

聚龙村1号是邝明觉故居。邝明觉为清末举人。1889年入住聚龙村。1904年在广州开办中美大药房和穗香园等十多家店铺，并捐资修建位于河南（今海珠区）的基督教堂和明觉学堂。民国初期病逝。

聚龙村21号是邝衡石（1893—1984年）故居。1914年邝衡石在香港上环咸东街创办丽兴金铺，素称“香港黄金之子”。几年后，在美国、加拿大和中国广州开设分店。1984年病逝于香港。

一栋房子就是一篇感人的故事。聚龙村在2010年迎亚运的市容市貌整治中，重点整治了村前流过的河涌，使其成为芳村一个极具人文价值的景点。

（五）国家文保单位佛山西关大屋东华里

东华里是一条以西关大屋式建筑汇集而闻名的历史街区。始建于清初，原名“杨伍街”，乾隆年间改现名至今。此地历来为官家富户所居，对其街道市政设施、环境艺术要求均十分讲究。现今这里保留有清代各个时期风格各异的建筑数十栋，是广府文化圈最为典型的西关大屋式建筑。石板大街工整平坦，下水道标准比较高，街区环境舒适，景观宜人。这里有以镬耳形象为特征的、成排成列、蔚为壮观的

---

① 词典现在广州的中山图书馆和香港的市政图书馆有收藏。

② 在今光复路与上九路交界处，20世纪90年代时曾改作清平饭店分店。

传统西关大屋（图4－20）；这里有后期从平面上拓展了的、接受西式建筑构件影响的三间两廊式联排屋，主要体现在结构梁架上运用拱券、圆弧、新型材料装饰等方面；这里还有为增加居住面积而向空中发展的“西关楼式大屋”，运用近代较先进的照明、饮水等设备，使其建筑既向楼房学习，又牢固地采用“间—廊—天井”空间组合方式（图4－21）。好一个建筑演进史的里程碑！

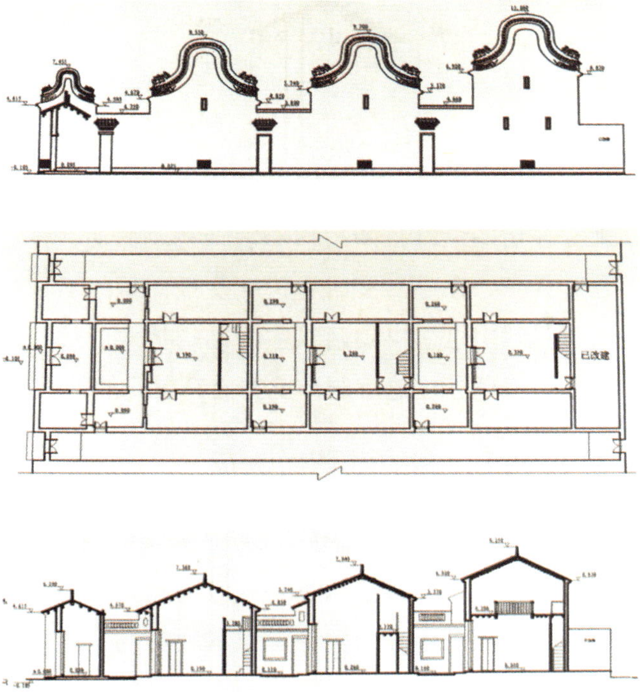

图4－20　具有代表性的传统大屋立、平、剖面图

多年来从市级文物保护单位、省级文物保护单位到全国重点文物保护单位，东华里的文物价值与保护等级不断提升，其在民众心目中的形象和地位也日益得以树立。当地政府规定，东华里的保护范围北至石巷、东至石巷，西至福贤路东、南至福庆巷为文物绝对保护区。建设控制范围是：北至石巷、锦荣里，西至福贤路，东至禄丰大街、禄丰新巷，南至居仁里。

图4－21　发展后的大屋

五、多元融合

——西关大屋的衍化变迁

广州西关明清时期就是海上贸易的机构所在之地，是中西经济、文化交汇之地。住房的建筑空间结构和装饰艺术方面，较容易吸收西方的设计特色和优点，在中西交融中进化变迁。从最初装饰艺术上的模仿，到建筑材料的引进，再到建筑空间结构技术的改革，西关民居在更有效利用城市空间、建造宜居环境方面有了质的飞跃。

（一）特殊材质建造的“西关大屋”

落成于1888年的广州圣心大教堂现在是远东地区最大的石结构天主教建筑，也是全球四大全石结构哥特式教堂建筑之一。因广州人大多不信教，故对其教会内涵较少关注，但其独特的全花岗岩石柱、石墙式欧式建筑风格，以及因用石材建成而在气候较炎热的广州获得冬暖夏凉之效果，给广州人以极大的视觉美学冲击和建筑理念冲击。全城都知道圣心大教堂，并共同俗称其为“石室”。在清末，水泥已传入广州，时按英语译音称“士敏土”，由于其使用方法简单，配合钢筋、沙石等可制成坚固的建筑构件，因而也已逐渐广泛用于西关民居建设中。

清末民初西关爱育善堂的医师黄宝坚，看到用石材和水泥建房的优点，就决定在西关敬善里建造自己的石屋家居（图5-1）。石屋由在美国的兄长设计。楼高三层，坐东朝西，占地面积350平方米，建于1912年。其外形像西式小洋楼，首层高约4米，二层、三层层高约3.5米。正面出入口是西式设计，两侧有罗马柱装饰。墙体用花岗岩石块砌成，每块石块外立面用凸点与不规则花纹装饰。屋面、楼板用钢筋水泥结构。首层的内部间隔与装饰则保留有浓郁的传统西关大屋的特色，如红木的花卉通花雕刻屏门、红木家具、墙上挂的红木框陶瓷画。首层窗户是长方形大窗，由上下两层对开窗组成，每扇木窗采用类似于满洲窗的简洁木通花花纹的结构装饰，形成了中西融汇的特色。

首层由大门起依次为正厅、内厅、居室等房间。小楼北侧是一小花园，小花园内有一西式喷水池，有一倚墙而建的中式半边亭，花园内摆放有作装饰和坐椅用的大腊石。花园的北侧连着医生门诊的诊所。首层后半部分的北侧，是石屋建筑的延伸部分，主要由过厅、楼梯、室内鱼池、厨房等组成。鱼池的上空是房屋的室内通天的通风采光部分。其余二、三楼有不同功能房间，并与首层主体连通。离此石屋北面约几百米外，原来还有一占地 600 多平方米的黄宝坚花园，花园内还有二三十平方米的中式小屋几间。石屋建筑幽雅古典，别具一格（图 5－2）。

图 5－1　石屋家居

图 5－2　花园景观

由于主人好客，加上主人还爱好烹调，招来不少名人到访。如 20 世纪 50 年代初，蔡廷锴将军就借此地欢迎刚从朝鲜慰问志愿军归来的著名演员梅兰芳先生，梅兰芳则乘兴回赠书画给屋主人。此外，“文革”前，电影《双星恨》也曾借此地取景拍摄。

这间西关石屋，可以说是西关大屋在进化变迁中的一个很典型的特例。建筑材料的更新，必然带来建筑样式的演变。建筑样式的改变，并不能立即改变人们的生活习惯、改变人们对与建筑相关环境的认同与审美价值观。其中必定有一个扬弃的过程，过时落后了的东西将被放弃淘汰，保持有生命力的东西必然会被传承下来，继续使用。只有这样的演变更新，才符合科学发展观。何况传统的东西有时并非真正过时、完全落后了，它们还能为现代的生活服务，它们还存在着某种纪念性价值和文物价值，应该让它们继续发展下去。

（二）集聚地方元素的“西关洋楼”

随着城市的发展，城市土地的价值也就越来越高。在吸取西方建筑材料优点的同时，西关建筑更注重学习西方洋楼建筑的既充分利用土地又较宜居的特色。特别是在20世纪二三十年代，广州进入大开马路的时期，马路两旁房屋，除了出现大量骑楼建筑外，还出现了一批带着西关大屋标记的西关小洋楼（图5－3）。

图5－3　耀华大街的西关式小洋楼

这种特色房屋较集中的是宝源路一带，常称“西关洋楼”。洋楼一般只是单开间，正门仍保留典型的西关大屋的脚门、趟栊门、实木大门的“三件头”，但已用平天台取代了坡面瓦面屋顶，其建筑空间结构设计类似于西式小洋楼，房屋的建筑构造仍有不少是砖木结构，开路时新建的多采用了钢筋水泥与砖木的混合式结构。这种“西关洋楼”的特点是把西关大屋原来的阁楼式变成洋房的多层式，一般为2～3层，也有4层的。首层高约4.3米，二楼以上各层一般也高约3.2米，保留了西关大屋的层高有利于隔热与通风的特点，又在一定的占地面积下，大大增加了居住面积。屋顶平天台也可作花园用。另外，由于考虑到增加了面积可作出租商业用途，一般上楼楼梯设在房屋一侧，楼梯门与首层大门都同在马路人行道上，各层间也分别有大门，出入互不干扰。建筑质量较好的宝源路 8 号 ~34 号（双号门牌）和 5 号 ~23 号（单号门牌），于 1999 年被定为广州市文物保护单位（图 5 -4）。这种做法在当时西关的其他街区运用得也很多。

图 5 -4　西关大屋历史街区

图 5 -5　塔影楼

沿江西路珠江边的塔影楼（图 5 -5），是投身反清革命的志士陈少白在 1919 年建造的。它濒临珠江，在沿江路上坐南向北，是一座四层西式洋楼，但在顶层天台上，却建有一座中式歇山顶，四檐滴水、绿色琉璃瓦顶的小亭，天台凉亭面积 36 平方米，作为顶层遮阴及观江景之用。全楼高约 20 米，宽约 14 米，在珠江上的倒影又像一座中国古塔，因而称为塔影楼。楼房是因势利导地利用昔日珠江边西堤的并非规则的空余地块，因而楼房每层均是东侧稍浅，西侧稍深。由此也可见广州西关环境造就人的务实性。建筑首层面积 70 平方米。楼上各层的南北两侧均建有阳台。其中三、四楼向南临江一侧，建有向外伸出的与楼齐宽的阳台，以观江景。四侧均有较大和较多的窗户，以保证通风采光。楼的首层原用作陈少白的联兴码头事务所，二、三、四层用作家居。

这是一座建立于珠江岸边的四层中西结合式住房，同西堤的其他建筑相映成趣，原与码头设施连成一片，20、21 世纪之交整顿市容时，老码头区被拆除，塔影楼在有识之士呼吁下得以保留。

塔影楼的主人陈少白早年同孙中山秘密组织兴中会，策划广州起义，结下深厚的情谊。辛亥革命后，孙中山让位于袁世凯，陈少白随即专事经营实业，成立粤航公司，泊船于由政府收回的原租赁给外国人的西堤联兴码头。后来在码头旁建立了一栋四层半大楼作为事务所，即今塔影楼。据说孙中山曾到此楼探访陈少白并且留宿二楼。陈炯明叛变后，陈少白回故乡新会，不忘广州，于 1928 年写《忆塔影楼》诗，表达了他对“城头变幻大王旗”军阀混战的厌恶和全心建设家乡的志向。

（三）城市近代化带来“新生基因”

随着城市的近代化与现代化进程，西关大屋也被植入了一些“新生基因”，主要体现在以下一些方面：

一是随着清朝的崩溃，封建王朝对民居设计上的种种清规戒律被废除了。一些皇宫的建筑特色也可用于民间，如黄色琉璃瓦不再是皇宫专利。民国时期，西关也出现了较大型的仿殿宇式建筑。西村福州路的黄冠章别墅，又称对山园（图 5 – 6），与陈济棠时期的广东省营第一工业区同期建设，是一座有拱桥、溪涧、小山、池塘、花园的大型私家园林建筑，占地总面积约 4 万平方米。由西南面别致的中式门楼进入，穿过小桥，右侧就是一座红墙绿瓦的中式殿堂。殿堂是一组由前殿、后堂和左右两厢组合的庭院群体，既具皇家殿宇式的豪华气派，又有北方四合院式的宜居空间。主体建筑为钢筋混凝土结构，屋顶为绿琉璃瓦重檐歇山顶。上有斗拱承托梁架，下有雀替。全楼盖于 0.9 米高的基台上，正面及东西两侧面均有台阶，台阶两侧有汉白玉石栏杆。回廊上高大的仿木水泥柱被涂上红色，俨然有皇室气派。主楼正殿为两层建筑。主楼的东厢有红棉花状的大窗通风采光，此种形状大花窗在广州是独一无二的。主楼的东北侧也有一座红墙绿瓦建筑的小平房。主楼东南面，在小山的半山处，建有一砖木结构两层中式小亭，首层高约 3 米，第二层高约 2.5 米，四周有栏杆。住区门楼内的门官神位对联也有别于传统，立意新颖、进取——“门从积德大，官自读书高”。建园者时任陈济棠的军需处处长、广东省银行副行长。该园曾用来办私立中学，现已建为增埗公园。

图 5 – 6　宫殿式的私人住宅

二是随着科技的发展，一些新元素融入了传统西关大屋。如家庭的燃料已从柴、煤进化至液化气，厨房更加卫生了。近年，一些西关人家把太阳能热水器装上了天台，是环保节能上的进步，也是西关老城区的新景致。清代的典型西关大屋，由于室内间隔较开敞，比较难安装空调。但一些已经洋楼化的西关大屋，由于室内的间隔已较密封，而且每层楼一般都有超过 3 米高的空间，这样在装上空调后，就比住现代的商品高层住宅楼感觉更舒适，因为现代商品楼一般层高等于或小于 3 米。逢源路 159、161 号为两栋带庭院的混合结构三层半楼房，就是一座设计和建筑都很有特色的建筑。虽然旁边已建起高层商业楼宇，但其建筑质量精良，安装空调后比高层建筑更舒适，院子可停汽车，因而继续被保留用作某公司的办事处。

三是传统居住型西关大屋向商住型服务功能转化。如华贵路 26 号当铺（图 5－7），建于清末，是广州市文物保护单位。其空间布局在三进三开间的基础上演化，前端是当铺服务前台，第二进是带阁平房，第三进则改建成较高层碉楼式仓库，储存当押物品，第四进又是普通平房。碉楼外墙厚实坚固，内是木架层廊（图 5－8）。外墙不设门窗，只在适当位置留观察孔和射击枪眼，枪眼框四周镶石框保护。碉楼高一般有 20 米以上，远高于周边楼房，成为便于观察与射击的制高点。在清末民初，西关此类当楼较多，中山七路、光复南路、珠玑路等路段都有。

图 5－7　华贵路当铺正立面

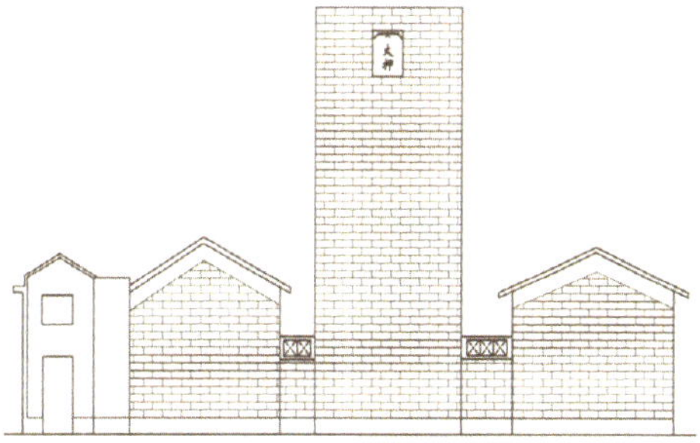

图 5－8　西关大屋侧面

近代以前，社会生产力不发达，金融借贷尚未形成，人们对金钱的急需只能通过典当来实现。当时旧物件颇有市场，但不能直接上市。当铺典当之后，有钱了可以将抵押之物赎回来，这无疑可给人提供一些方便。

华贵路的当铺仓库楼形似碉堡，外墙厚实坚固，内部为木构架；窗孔很小，以防子弹、戟头射入，同时便于监控四周动静。既是住宅又作当铺，一楼二用，成为珠江三角洲城市的特色标志。华贵路当铺类似西关大屋的纵向组成，前为营业大厅，二进是带阁的平房，三进为建筑主楼，后进还是厅堂。右旁有青云巷连接前、中、后三个功能部位。前座石米批荡功夫讲究，建筑质量较高，由此让当时所在小巷称为“当铺街”。功能改变形象，这是一个真理。新功能带来新形式，此乃时代进步的表现，也是建筑为之进步的原动力。今天的责任是要保护这种具有划时代性的文物建筑。

（四）从西关大屋、竹筒屋到骑楼

西关大屋的兴建很是讲究。青砖墙砌得没有一丝缝隙，一间大屋大得里面还可以有小巷子。青云巷宜于消防隔火，通常连着多重小门，方便勤杂人员出入。西关大屋室内装修更有特色。富贵人家的客厅里摆放着整套名贵酸枝家具，柱梁之间镶嵌着雕刻精细、富含吉祥寓意的图案，用于分隔空间的挂落。恣意的奢华、任性的讲究是富贵人家共有的心态。西关大屋最早的实例有十三行时期的海山仙馆——一座悲金悼玉的大观园，不少住宅都是西关大屋。

从小在西关长大的“老西关”，常有这样的回忆——念书的小学就是一间西关大屋。虽然拆掉了吊扇门，但趟栊门和大木门仍旧巍然。早上常常要站在门口等开门，等得无聊的时候会在门旁的青砖墙上磨铅笔。有时碰巧小门没锁，小伙伴们就通过那条青云巷跑进去。里面冬暖夏凉，再热的天，人跑进去，只觉陡然一阴，凉意欣然。

其实，西关大屋可泛指广州一种上好的传统民居模式。南华西街也存有大量西关大屋，如称为南华大屋亦未尝不可。南华西街是海珠区最早的城区，当年十三行商人在此居住，建有大量居住房屋和园林。潘家大院至今还保留着当年的显赫架势，值得政府作为文物加以保护研究。从西关大屋走出去的世界名人不少，作为对文化名人的纪念、表现中华民族的自信，西关大屋都是值得保护利用的（图 5－9，图 5－10）。西关大屋埋藏着广府人的根！

图 5－9 重建的詹天佑故居

图 5－10 “环翠园”西关大屋

从建筑史的角度来看，西关大屋所处的历史时期正是我国建筑形制发生质的转变前夜。先前，它在对待外来文化方面，只是把某些有益的成分放在从属的部位加以利用，并没有引起革命性的变迁。在不到一个世纪的时间里，西关大屋作为商贾和封建贵族的私人宅邸仍然按照封建社会家族式居住生活特征在营造，明显地保持着传统合院式、中轴对称格局、长幼尊卑有别、内外隔离的模式，满足房屋主人讲排场、摆阔气、炫耀财富的心态。随着时代的进展，城市化、近代化要求节约用地、增加用房，西关大屋不得不改变自己，适应环境的变化，实现从量变到质变的转变。

这一哲学定律，落实到形体对象，就是从院落到浓缩、从单层到多层、从分散到集中、从地面到空中的发展规律。这是事物发展的一个方面，另一方面则是哲学的另一种规律伴随出现：解决了用地密集问题，其他问题将会产生；改变了原先的模式，原先的优点则可能丢失。

鸦片战争后的广州住屋有向楼层发展的趋势。甲午海战之后，西关发展迅速，用地紧张，青云巷变短或消失，最后出现只有一个开间宽的西关大屋。当城市居住人口进一步聚集，西关大屋就演变成了竹筒屋。现在广州话里所说的眼镜房、锁头屋、明字屋，就是竹筒屋的几种常见形态（图5－11）。可以这样说，竹筒屋是被城市压“扁”了的西关大屋。

图 5－11　竹筒屋是挤压洋化后的西关大屋

竹筒屋面阔不宽，但很深，一节“金”字屋顶的进深通常在 12 米以上；一进门就是客厅，一条长长的走廊，连着后面的厨厕，而卧室则在厅和厨房之间，常用满洲窗间隔。平面布局形式厅和厨房活像眼镜的两个镜框，故名眼镜房；像古代铜锁相联则称锁头屋；两个不等开间并列而成的竹筒屋则称明字屋。

临街的竹筒屋大门也有西关大屋的“三件头”：吊脚扇门、趟栊门和大木门，乍一看很容易和西关大屋相混淆。进了门才感受到整个房子的宽度仅比大门略宽，里面的结构就是眼镜房的格局。竹筒屋充分利用“竹筒”中的风压（管道效应）组织穿堂风，利用天井上下热压抽拔换气（烟囱效应），故散热效果较好。大木门平时是开着的，只要大木门没关，屋里肯定有人；要不然没有走远，等一会儿肯定就回来。竹筒屋的大门沿袭西关大屋；竹筒屋的山花墙头昭示着后来骑楼的风情。

早在十三行时期，中西建筑文化已经得到融合。西关大屋转换功能作商馆时，已有效地被“老外”开始洋化（图 5－12）。但是在清政府高压、禁锢、严厉控制思想开放的情况下，建筑文化却难以得到全面、深刻的交流、引进、创新。除了十三行洋人商馆区有几栋外廊式建筑被后来学者指认为“中国近代建筑的原点”之外，很少同时或稍后能见到中国人自己修造类似建筑。为什么？一方面是清政府盲目排外，把外国技术视为“雕虫小技，壮夫不为”的奇技淫巧而加以限制打压，宁可落后，不愿图新；另一方面是害怕中外文化交流，尤其害怕人民群众跟外国人的思想接触，清政府要继续推行愚民政策，以便维护其长期的统治地位。

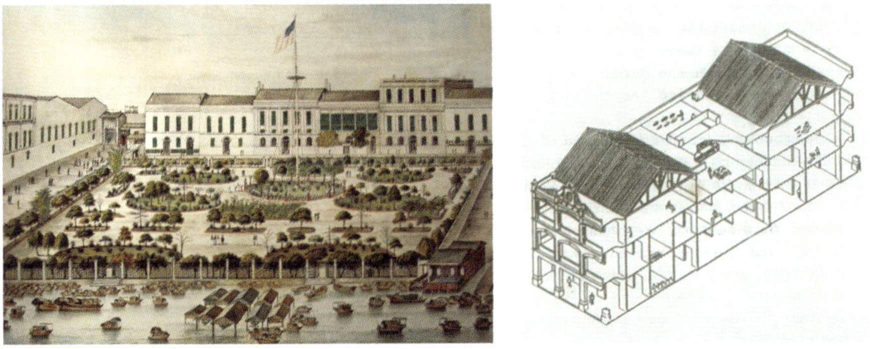

图 5－12　十三行商馆与后来的骑楼都有由“中”变“洋”的过程

进入近代社会，除了公共建筑，老百姓的民居也可学西洋建筑手法。因多种缘由，竹筒屋的门面出现了西洋化的现象，但传统的趟栊门依然发挥着适应地理气候、民间生活方式、审美习俗要求的作用（图 5－13）。临街开商铺的竹筒屋，为了于公于私的目的——适应气候、保护商品、吸引顾客、商业经营、人车分流、满足都市空间美学要求等，既传承祖先遗产又吸引外来艺术，很自然地选择了骑楼这种建筑形式，修起了骑楼墟、骑楼街、骑楼镇、骑楼城，遍布整个广府文化地域（图 5－14）。

图 5－13　保留了趟栊门的竹筒屋

图 5－14　带趟栊门的骑楼

随着商业的发展，迎街的房子要开店铺，于是老广州的骑楼建筑诞生了。较早的骑楼情况可从流行于广东的一首童谣来体验：“落雨大，水浸街。阿哥担柴上街卖，阿嫂出街着花鞋。”担柴穿花鞋走骑楼不怕雨。后来的骑楼就是欧洲建筑和广州特色结合的产物。在热闹的商业街上，一幢幢的骑楼商铺并列起来，就是一条半室内的长廊，你不必担心日晒雨淋，可以在骑楼里悠闲地逛。

广州骑楼于20世纪初始出现，把门廊扩大串通成沿街廊道，一边向街道敞开，另一边是店面橱窗（图5－15）。骑楼内的店铺可以借用柱廊空间的庇护，敞开铺面陈列商品以招徕顾客。广州骑楼建筑集中在第十甫路、上下九路、中山路、解放路、人民南路、一德路等商业街，而西濠口一带的骑楼最为壮观。新亚酒店、南方大厦、爱群大厦等为广州初期骑楼建筑中的佼佼者。

上下九路和第十甫路一直是西关人所熟悉的商业街。若在人民南路的上九路路口由东往西走，可以沿着上九路、下九路、第十甫路一直逛到恩宁路、龙津路最后又回到人民路，好一个巨大金龟形的骑楼街圈，曾在人们心目中寓意了不少美好的意愿。第十甫骑楼街是销售零食最多的地方，各色的果脯、奶糖和水果糖以及巧克力，家里煲汤用的各式干货海味，罐头、调料以及油盐酱醋，要啥有啥。第十甫路商场旁边是陶陶居，斜对面是卖南信双皮奶的小店。情不自禁地跨过马路，去吃一碗双皮奶、凤凰奶糊或姜汁撞奶，已是许多人的习惯。

图5－15　前店后厂、下商上居

从第十甫路逛到宝华路，发现有一家叫“足安斋唐鞋”的老铺子，五十年来一直售卖“伯父鞋”（老头鞋）。不必狐疑鞋名奇怪，那可是驰名中外的“唐鞋”，全手工的，穿起来特别舒服。除了老西关人，一些武术拳师和华侨也喜欢穿，现在常有华侨特地托人来订购。宝华路再往下走，是顺记冰室。被更名椰林冰室一段时间后，又恢复叫顺记冰室，说那才是本来的名字。

据说上下九路、第十甫路最繁华的时候是在抗战胜利后的40年代中期。当年的上九路北面多为金铺，南面是花纱棉布庄。而下九路的北面大部分是鞋店和床上用品店，较出名的有鹤鸣皮鞋店、吴志记小圆头礼绒鞋、潘常兴胶鞋等二十多家鞋店和“大吉”、“大喜”、“福生”等床上用品店。南面则是十多家绸缎店，还有出名的“纶章”、“仁章”、“同章”、“上海”、“天生”等百货店，“三凤粉庄”化妆品店，“三红”、“雪红”、“华南”、“亚洲”等为迎合太太、小姐照相怕被人看的心理而设在楼上的摄影店。第十甫路则以食肆居多，俗称“百步必有小食”，粥、粉、面、甜品、点心、冷饮……食铺星罗棋布；莲香楼、陶陶居、趣香、欧成记、伍湛记都是“老字号”名店。

走遍天下，有人问：“北京有四合院，上海有石库门，广州呢?”

“广州有骑楼。”所有广州市民都会如是说！

在广州的街道两旁，一幢幢房子好像长了脚，被柱子架在半空；底层的房子似乎往里掏空三米多。抬眼望，再看那些空中的“楼”，仿佛“骑”在这长长的马路上。不论怎样理解都行。这样，便在街道两旁各形成一条宽敞的人行走廊。这条走廊，长可达数百米甚至上千米。这就是骑楼，岭南的一个重要标志类建筑。就像北京四合院、上海的小洋楼一样，骑楼是广州的符号印记。

骑楼是广东人的自豪！

骑楼，是近代规划师、建筑师以及普通市民、华侨在城市规划及建筑法规的指导下共同参与建造的，具有鲜明个性特色的地域性建筑。骑楼空间形制，虽中国本已有之，但并没有得到普遍推广。尤其是骑楼立面构造艺术，基本是外来建筑形式。西方骑楼也有上千年历史。骑楼能在广东生根开花，成为城市近代化、乡村城市化的一个特色组成部分，其中自有道理，与佛塔源自印度，能在中国生根、繁盛，成为中国古代建筑中的一朵奇葩是一样的①。

2010年底，全省“岭南文化十大名片”评选活动揭晓。“广东骑楼”作为物质实体名列榜首。这次活动由省委宣传部主办，以文化识别力、文化影响力、持续传播力、文化形象力和唯一代表性、标志性作为标准。活动从年初启动，在专家推荐候选名单之外，还通过800多万人次网络投票专题访问，最后评出结果。这充分表达出了广大民众对广东骑楼的喜爱之情。

---

① 谭静雯，黄芳. 香港70幢“大骑楼”可能活化. 中国新闻网，2008-03-12.

六、源远流长

——骑楼建筑的时空艺术

骑楼、骑楼街、骑楼圩、骑楼镇、骑楼城——曾经是南中国，尤其是广府沿海地区，从特大城市、大中小城市，到普通县城及偏远村、镇、乡、集、墟，随处可见的一种生活气息浓郁、文化涵养丰富、可观赏性强烈、适宜气候环境、适宜商贸活动、适宜休闲交往的大众化建筑及其群体。它们是中国城市近代化、农村城市化的文化遗产，是国门开放、中西交流、国际商贸活跃、重视人性化的历史产物，也是中国建筑文化从古代向近代、现代转型道路上具有里程碑意义的标志。

本章着重从发展历程、构造特色、空间美学、演化机理、发展形态、规划模式等方面对骑楼进行研究探讨。

（一）骑楼建筑美的历程

1822年新加坡建城之初，莱佛士爵士（Thomas Stamford Bingley Raffles，1781—1826年）领导的市政委员会制定《市政发展计划》，规定建造骑楼街。1878年香港颁布《骑楼规则》进行骑楼街建设。1889年广州长堤出现带“铺廊”的建筑，1912年广东省制定了我国最早的骑楼法规——《广东省警察厅现行取缔建筑章程及施行细则》，“骑楼”一词正式出现在官方文件之中。骑楼的来源，目前存在两种说法。

1.“干栏起源”说

这类说法认为骑楼是越族先民“干栏建筑”的遗韵。《博物志》里说：“南越巢居。”《南越志》说：“南越栅居。”所谓“巢居”、“栅居”，就是广州博物馆展出的“干栏”。周翠玲教授曾道：“干指上面，栏指房屋。建筑文化与生产力的发展水平是密切相关的。广州博物馆展出的汉墓出土遗物干栏，据考证：上屋住人，下面饲养家畜和堆放杂物。这种干栏特点是干爽、通风、避暑、防潮，适合岭南的亚热带气候和地理环境。”客观分析，“干栏”只是克服在湿热气候、潮湿地基地面环境，供从事农牧业活动的居民居住需要，首层“地板”以下非人常驻停留的房间。“干栏”没有商业功能的空间需求，如傣族村寨至今依然。

单栋房屋从设“屋檐”到“挑檐”再到“檐廊”的过程完成得较早，商周时期就有大量的外部檐廊式宫室。相传神农氏时代已有了商业，二里头遗址就发现有货币。周代抑商，邸—店—铺—肆格局不明显。“檐廊”与商业活动的结合出现在隋唐时代的东、西两市。从隋唐“坊市”到宋初的“街市”，即商业建筑形态从集中式的“点”或“面”过渡到能生长、蔓延、动态发展的“线”，最多不过100年的时间。从一般的商业街到檐廊街时间也不会很长，北宋时期于首都东京“御街”就已出现了。《东京梦华录》卷二曾描写御街多用于经商，但见“彩楼相对，绣旗相招、掩翳天日”。南宋临安坊巷廊已由内向型单元转换成外向型空间，由单纯过道升华为复杂的商业空间。明代永乐年兴建“廊房”以备“招商引民”，于正阳门附近就留有“廊房胡同”遗址。北京临街的“拍子房”大多为附加平顶结构，类似南方金字屋前附加平顶骑楼。漫长的岁月衍生出各地不同特色的木制骑楼或骑楼街，这是中国的骑楼渊源。从中国的木骑楼、砖木骑楼过渡到具有西洋式立面的混凝土骑楼或骑楼街，另有中西文化发生交流、碰撞、融合的成因。如果没有“门户开放”，政府继续“坚定不移”地重农抑商，近代骑楼街、骑楼城的出现还当假以时日。

新西兰学者黎庆文1999年到广州考察，认为广州骑楼是由古代广州铺前檐蓬演变而成。对照清代六甫水脚老字号广源酱园的前檐蓬可得到佐证。在广州泮塘五约（宋代为渔村）也有前檐廊的遗迹。这些留传下来的商铺檐廊，宽2.6~3.8米，左右相连成廊，便于种植水生作物的农户从事清洗、除皮、切片磨粉等工作，也方便村民选购货品。① 广州西关当年与水临近，有在岸骑建水棚的传统。这类“带水

① 潘广庆. 广州历史文化名城特色——十甫路、下九路商业步行街与骑楼建筑. 南方房地产，2000（6）.

性”的檐廊建筑自然成为广州“骑楼”的前身。清代西关商业街当年有19个“甫”。上九路、下九路、第十甫路原来都不叫“路”，而叫“甫”。“甫”由“浦”来，浦指水边或河涌入海之处。埠头为“水脚”连水巷。初具规模的街巷为“甫”，马路化时期才从“路”。

严格说来，店铺前人行道上，“骑”有屋檐的应叫骑屋檐街；“骑”有檐廊的应叫骑檐廊街；“骑”有与店铺独立又互联的廊，则应该叫骑廊街。只有店铺前人行道上“骑”有楼房——商铺房屋的一部分、或专门建造的平屋顶楼房，才应该叫骑楼或骑楼街。据建筑文化的地域性原理，不同地区会衍生出不同名称，如广州早期称有脚骑楼、人行路，福建称五脚基或五脚气，台湾称亭子脚，四川常把类似骑楼形态的檐廊称之为凉亭子或过街凉亭子。江南水乡还有廊道合一的百楼间、檐廊步道、河街等称谓，只因水景特色鲜明，没能突出商业骑楼的概念而已（图6－1）。

图6－1　江南骑楼水街

潘广庆先生还认为广州的骑楼虽相对马来西亚、新加坡形成马路沿线骑楼景观为晚，但资料显示18世纪南洋骑楼就其功能结构和使用情况来看还不能真正称作骑楼，只能称作骑廊，宽度仅5英尺，楼房总高度一般只两层，很少商业活动。广州骑楼却骑跨马路近一个厅或一个房的宽度，进深3.4～4.8米；总高度从1920年代的两三层，发展到1930年代的“八重天”（8层），如1918年的南方大厦就已是高层建筑，与南亚传统的小廊式建筑有天壤之别。

值得一提的是，马来西亚一带的骑廊小筑，平面设计竟然是广州竹筒屋形式。砖木两进加天井采光通风，功能分区为前店后宅，这在广州西关是为普遍的现象。考据证实南洋一带的房屋施工建造有大量华人参与，其渊源乃明代郑和下西洋时期华洋文化交流传播的结果（图6－2）。后来中国骑楼风靡岭南，实乃找回传统而已。

2. “西风东渐”说

图6-2　新加坡早期骑楼

广州是近代中国较早受欧风美雨影响的城市。至今粤语中的“士多”（store，普通话中的小卖铺）、“波”（ball，球）、“篮把”（number，号码）等，都几乎是英语的音译。欧风美雨对广州的影响，在建筑上体现得也很鲜明，如天主教圣心大教堂（石室）一类的宗教类建筑，广州邮务管理局大楼、粤海关大楼、市府大楼、省财政厅大楼、省总工会大楼一类的办公性建筑，后期西关大屋、竹筒屋（入口部分）以及东山花园别墅、小洋楼一类的住宅类建筑，中山纪念堂、海员亭、先烈路一带的纪念性建筑，还有爱群大厦、南方大厦、市银行大楼、省银行大楼、新亚大酒店等商业型建筑……不论在哪个发展阶段上的近代广州建筑，几乎都受到西方文化的影响（图6-3）。

有史记载，商业骑楼建筑最早见于2 000多年前的古希腊，后来才流行到欧洲，近代才传至世界各地的。2 000年前中国暂时还不需要骑楼，因为统治者长期限制经商活动，没有比较发达的商业。广东自古乃我国海上丝绸之路的起点，不少华工出国，在南洋、欧美谋生，成为早期侨民，自觉不自觉地会参与由当地殖民者领导的骑楼建设。当近代中国对外开放后，侨民回国，投资建屋，为适应商业与气候需要，广东民居吸收了各侨居国、甚至殖民者宗主国骑楼建筑的艺术，成就了中西合璧式的广东骑楼。因此达成共识：骑楼是广东人经过南洋地区的适应性体验之后，将西洋建筑带到中国，再和岭南建筑相结合的产物。最早的骑楼出现于清

图6-3　西风东渐影响下的广州建筑

朝末年，广州的一德路、圣心大教堂（石室）一带，部分骑楼建筑就是利用石室教堂多余的石料建造的（图6－4）。骑楼引进了地中海国家的券廊结构特色，因为那里也是高温多雨、蒸晒酷热，那里的商贸活动频繁，故两地建筑均采用了宽阔的骑楼廊道。

图6－4　广州石室前的骑楼

新型建筑材料的应用、建筑技术的引进，使广州骑楼大规模的建设活动有了保证。20世纪20年代初陈济棠主粤期间于西村办起士敏土厂，红毛泥（水泥）的大量供应与三合土技术的引进，使广州高层骑楼建筑的兴建成为可能。

当前狭义上的骑楼、骑楼街、骑楼文化，大多都是针对中西文化交融的近代骑楼商住建筑而言的。可能因为少数国人有段时期对外来文化、西方艺术、市场意识、民主思维、普世价值过于敏感、有意回避洋式店面，对国人自己创造的传统骑楼文化艺术及其物质成果，也缺乏正确的认识和心态，将传统视为落后，千方百计加以诋毁，更遑论保护和传承！

无论是“干栏起源”说，还是“西风东渐”说，都符合文化发展、传播的规律。吸收外来文化因素本身也是一个消化、互融、传承的过程；继承传统本身也是一个提高优化、创新发展的过程。但是真正的、本质的“源”，还是社会功能需要——“商”。只要尊重大众文化需求，自创也好、引进也好，都会成为当地人民的精神与物质财富。

常言海内外凡有粤语皆吟粤剧。近现代城市建设领域，凡有广东人开街做生意的地方往往就有骑楼。在上海、武汉、赣州等城市，凡骑楼所在之地甚至直称“广东街”（图6－5）。广东作为外来骑楼的一个接纳者，同时又成为骑楼在南中国的传播源。骑楼成了一种影响深远的文化现象。综合而论，作为广州符号的骑楼，充分地体现了一个商业城市的特色，也见证了近代化的历程。

两广、福建、海南、台湾等东南沿海城镇，骑楼不仅具有浓郁的地域性居住文化特质，而且有更突出的商业文化实用性。如广州的上下九路、厦门的中山路、北海珠海街以及上海金陵路（早期广东人聚居区）、江西赣州均建有骑楼。相对各地骑楼，广州骑楼形式多样，规模几乎遍布全城，是粤派骑楼的代表。

图 6－5　上海骑楼

广州市城市环境艺术委员会秘书长余英博士指出，广州不仅是我国近代骑楼建筑的发祥地，还是我国最早制定骑楼政策和法规的城市。明清时期，它是全国唯一的通商口岸，当时十三行的商馆建筑可以说是近代骑楼建筑在大陆的雏形（图 6－6）。民国初年，广州是我国东南沿海第一个实施大规模都市计划改造的城市。伴随着都市商业街的建设，具有岭南特色的“有脚骑楼”，逐渐登上了城市近代化运动的历史舞台。

图 6－6　十三行夷馆外廊建筑

不可否认，19 世纪中叶，英法等帝国主义一次次到广州“扣关贸易”，使东南亚（南洋）英属殖民地的外廊式建筑也传入广州十三行。然而十三行一次次被大火烧毁，直到帝国主义用大炮彻底打开大清帝国的国门，骑楼艺术始在广州沙面其他类型的建筑中出现。这些外廊式建筑要素是西欧本土建筑特色与印度及东南亚殖民地热带气候相结合的产物，被学术界称为“殖民地建筑样式”。

20 世纪初中华民国成立，为解决城市居民拥挤和实行都市发展计划，广州市政府同意在人行道上加建骑楼。当时很明显参考了外廊式建筑和澳门、新加坡、香港的骑楼建筑及骑楼建筑管理章程。1912年，广州国民政府公布了《取缔建筑章程及施行细则》，规定在自置私地内建骑楼，留出人行道。自此，广州大规模兴建骑楼，直到1937年受中日战争影响才停止。其间关于建设骑楼的法规也不断得到完善和细化。

十三行时期，英国对中国的影响较其他老牌资本主义国家都要大。英国本土有骑楼，但英国骑楼建筑对中国的影响通过了一个中转站——印度和南洋等英属殖民地，再传到中国。其中加入了气候元素与南亚人文元素，过滤了某些不必要的元素。类似引进某种动植物，需要一个逐渐迁移、引种、适应的过程。并非1840年鸦片战争后英国打开了中国大门，骑楼就随之进来。其实最早的西方殖民者是葡萄牙和西班牙，它们的地理纬度比英国低，城市更需要骑楼。曾是葡萄牙殖民地的澳门，其骑楼历史就比曾是英国殖民地的香港早。传入中国的骑楼只能说是西方建筑在南亚嬗变后的殖民地建筑样式。就是在这个殖民地建筑样式中，除了宗主国建筑的主旨，难免还有东南亚及其华侨的影响因素。

关于外来骑楼艺术的传播过程，林琳女士做过形象的分析并用海上路线图加以表示。大致有西洋、东洋两个来向，海南、广州、台北为三个转站口岸，信息量尤以广州为最。然后以广州为中心再向东、西、北三方传播（图6－7）。

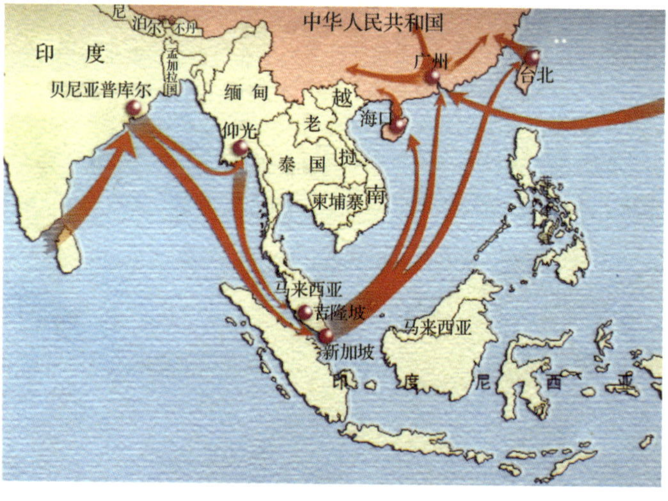

图6－7　骑楼传播线路

有生命力的建筑形式具有深远的影响力。广州的骑楼商业街的成功，起到了重要的示范作用。于是，骑楼商业街这一人民性的商业活动载体，就以广州为中心，从二三十年代起，辐射至广东省以及广西的梧州、南宁，福建的厦门、漳州、泉州、福州和海南的海口、文昌等地，其影响力直至贵州省的贵阳市以及云南省的昆明市，江西省的赣州市和南昌市亦有骑楼商业街。骑楼主要流行于华南地区，广东、广西、福建、海南四省地处热带、亚热带，炎热多雨，有骑楼商业街生长的土壤和气候环境。其余各地，虽有少量骑楼商业街，但难以成为城市特色。江西的赣州、大庚、于都、谭口镇建有骑楼商业街，究其原因，多属人为因素。广东军阀余汉谋曾驻军大庚县，广东人吴铁城（1888—1953）曾做过赣州市市长，是他们在当地提倡建广州式的骑楼商业街。赣州骑楼建筑质朴无华、具有浓郁的乡土气息而独树一帜，曾有“小广州”之称。

（二）广州骑楼建设热潮

骑楼被作为正式的名称，最早出现在1912年国民政府为治理广州市所颁布的《取缔建筑章程及施行细则》中的第十四、十五条款中，当时被称作“有脚骑楼”。在1920年《修正取缔建筑章程》中，将“有脚骑楼”简化为“骑楼”。

鸦片战争拉开了中国近代史的序幕。外国建筑的形式伴随着新技术、新材料、新结构传入中国。从19世纪末到20世纪20年代，广州的部分街道，如长堤大马路（1886—1920年）、人民南路（1919年）、中山五路（1919年）、一德路（1920年）已出现了钢筋混凝土骑楼。民国二年（1913年）订立《广东省城警察厅现行取缔建筑章程及施行细则》，其中有三条是关于骑楼的规定[1]。这一时期建设的骑楼有东沙马路、南关二马路、西堤二马路、联兴街、靖远街、广东街等。民国七年（1918年），广州设立市政公所，“拆城墙、扩马路”，对市容进行大规模改造，开通了越秀北、人民路、盘福路、文明路、大德路等至今仍服务民生的主干道。当时为了充分运用马路空间，同时适应南方潮湿多雨、炎热高温的气候特征，便在马路两旁搭建起两三层的砖木混合结构的骑楼式楼房。颇具现代化的南方大厦、新大新公司等，

① 黄翔. 广州旧城区商业街道步行空间的改造. 华南理工大学硕士学位论文，1990.

也采用了这种骑楼式的建筑结构，骑楼建筑一时风靡全城，形成了广州街景的主格调（图6－8）。

一德路

太平路（今人民南路）

太平路（今人民南路）

长堤大马路

图6－8　广州早期原生骑楼

从1918—1920年，历时三年，广州拆除了古老的城墙、城楼、城基，开辟了城区内主要干道，扩展城区范围。民国九年（1920年）、修订《取缔建筑章程及施行细则》，条文由原37条增至54条，名为《临时取缔建筑章程》。可惜这一章程的法规条文已散失，对骑楼的具体规范至今不明。

在城市建设中，有些业主对骑楼往往不是很热衷，或经济上无法负担骑楼兴建费用，必须用一些政策作为手段以推动骑楼建设，促进市容的统一发展。因此，民国十四年（1925年）十一月四日市政厅财政局制定《催领骑楼地办法》，用以推进广州骑楼的迅速发展。当时骑楼大多集中在东山区及越秀区，海珠区也有少量骑楼街（表6－1）。

表 6－1　部分骑楼街道建设年代

区域	时间	马路名称
东山区	1921	大东路（中山四路）
	1925	越秀南路、越秀中路、永汉北路、马棚岗路、公园路、白云路、东川路、中山三路、百子路
	1926	三育路
越秀区	1920	长堤大马路
	1919	中山五路
	1920	一德路
	1921	维新路、大南路、维新中路、太平路、盘福路、大德路
	1924	西濠二马路
	1927	小北路
	1929	法政路、长庚路
荔湾区	1919	人民南路
	1925	十三行路、六二三路
	1931	十八甫路、恩宁路
海珠区	1926	南华路、同福路

自民国十九年至二十六年（1930—1937 年），修建的骑楼街道有很多，如海珠路、大新路、恩宁路等。直至今天，广州骑楼的年龄，还没到 100 岁，只要精心保护，它们的结构寿命还不会完结，它们的历史文化寿命将更长（图 6－9）。

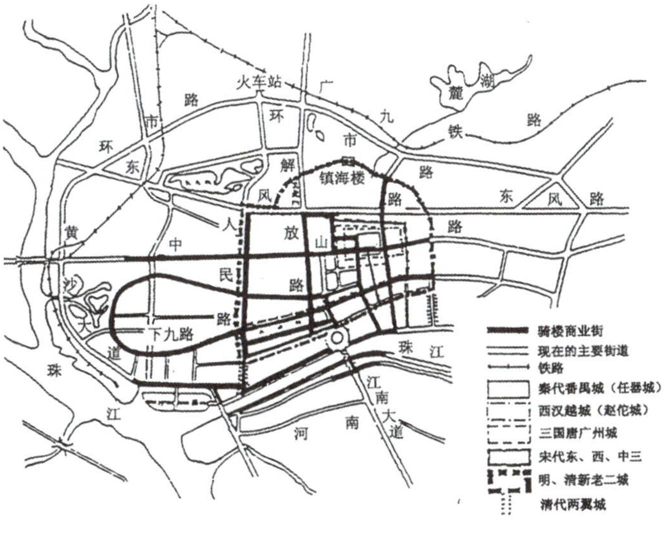

图 6－9　广州市骑楼分布图

骑楼成因何在？吴庆洲教授归纳了五个原因①。

（1）制度影响。

封建帝制的完结、社会的近代化变革和城市商业的发展，为建设骑楼提供了可能性。民国初期拆城建路、扩宽街道，使建设骑楼式商业街有了用武之地。孙中山先生在1921年著的《建国方略·实业计划》中，曾提出南方大港计划，拟将广州建设成为世界大港及花园城市。计划以广州为中心，进行一系列交通配套整治建设，将西南地区所有重要城市和矿产地联结起来，使之成为南方大港的经济腹地，作为我国经济建设的蓝图。尽管该计划未能顺利实施，但对广州经济及城市建设产生了巨大影响。

（2）气候因素。

广州地处亚热带，气候炎热多雨，能遮风雨、避骄阳的骑楼，适合广州的气候特点，自然受到市民的欢迎。骑楼创造了良好的步行购物环境，促进了广州商业的发展。反过来，广州繁华的商业又促使骑楼商业街进一步发展，终于使骑楼成为广州一大特色。

（3）人才作用。

当时广州聘用了一批留学归国的人员，执掌市政建设等部门，以相当的科技水平指导骑楼商业街的建设。孙中山先生提出：“我们要用此开放主义，凡是我们中国应兴事业，我们无资本，即借外国资本。我们无人才，即借外国人才。我们方法不好，即用外国方法。”广州市按照孙中山先生这一思想，启用了大量留学归国的专业人才，委以重任。如市长孙科，留美，加利福尼亚大学、哥伦比亚大学毕业，专研市政；工务局局长程天固，留美，加利福尼亚大学毕业；公用局局长黄桓，留学法国及比利时，专研电器工程。此外，财政局、公安局、教育局局长皆为留学归国专业人才，各局的科长、科员亦有许多为归国留学生。

（4）规划导向。

合理的法规及其导向，是推动骑楼商业街发展的有力保障。广州市政厅工务局制定法规，强制私有地留设骑楼，以提供公共人行道。法规中有若干规定，对骑楼的建设进行管理，并配套实施了《催领骑楼地办法》，以确保骑楼的兴建完成。这些高素质的人掌管广州市政

① 吴庆洲. 广州建筑. 广州：广东省地图出版社，2000.

建设部门，有可能制定适当的政策、法令，推动城市建设。骑楼商业街就是最好的例子。

（5）华侨投资。

华侨大量投资房地产业，推动了骑楼发展。华侨一贯支持孙中山的革命事业。为推翻帝制，华侨总是不遗余力地捐钱、捐物，并舍身投入战斗。民国时期，华侨更是积极响应，报效祖国。广州乃华侨最早回国投资兴办企业之地。20 世纪二三十年代广州社会环境相对安定，广州市政府对华侨也采取许多优惠政策，吸引了大量华侨投资广州，其中 3/4 资金投在房地产，因此骑楼商业街的建设发展很快。

抗日战争打乱了中国的发展，城市建设长时间出现停滞。如果按照事物的固有规律发展，骑楼建筑必定还有一个可持续发展的过程。我们只要稍加观察就会发现，20 世纪 50 年代之后，广州骑楼还断断续续有一些建树，不乏优秀个案。对这部分骑楼建筑的研究还没引起广泛的关注。在这样一个漫长的岁月里，原生骑楼得到考验，次生骑楼获得改良，新生骑楼得到提高。

图 6－10 所示为广州 20 世纪 60 年代的骑楼建筑，单调的样式乃单调思想禁锢的结果。然而，从 20 世纪 50 年代至今大半个世纪的时间，骑楼还没有得到部分人（含部分建筑师人员）的认可、保护、改进和发扬光大。这一时期是骑楼多灾多难的时代，被拆毁的骑楼多、受保护的骑楼少。一波一波的旧城改造、一波一波的旧城开发，使分布全城的骑楼商业街损失了一半。

图 6－10　20 世纪 60 年代的骑楼

（三）骑楼构造组合形态

本节首先简要介绍有关骑楼建筑的一些基本知识，再从“人、事、物”之“真、善、美”的基本原理出发，认真面对骑楼建筑艺术的历史传承与当代发展等问题。

1. 骑楼的定义与类型

所谓骑楼，传统意义上一般多指我国南方地区，无论城镇乡村，人民大众为满足使用、安全、舒适等要求，于面街出入口部分楼层或屋顶要素“骑”在人行道上，左右延绵成公共敞廊的建筑或建筑群。“骑楼”不仅是一个建筑学名词，也是一个规划学、社会学方面的概念。现代大都市有将骑楼功能空中化的做法，可将其视为骑楼理念的外延或拓展。本书多针对前者加以研究。

讲到骑楼，往往离不开骑楼街“群”的概念。一栋建筑是骑楼，若干栋骑楼建筑组成骑楼街。骑楼往往是以骑楼街的形式存在的。将一栋骑楼孤立起来研究，意义并不大。中国城市自古至今，往往以街道为本。人们的生活活动多发生在街上，通行仅仅是其功能之一。广场看起来虽然很大很壮观，但它在人民群众的生产生活中的作用并不见得很大很重要。应该说城市是由街道构成的，当多条骑楼街建成之日，就是骑楼城形成之时。

骑楼建筑有近百年发展史。当世界普遍进入商品时代，骑楼建筑就在商业活动发生地不同程度地得到应用。因受气候环境特征、经济社会人文条件的影响，有些地方的骑楼得以坚持发展至今，有些地方骑楼的存在与发展却遭遇到空前的危机和严重的挑战。

本地区自发产生的骑楼可定义为该地区的原生骑楼（图 6 - 11）。后来因文化技术的交流及其他各种因素的影响，原生骑楼会衍生、派生出许多衍生骑楼或派生骑楼。骑楼随着时代的发展而发展。岭南地区是我国骑楼分布最为普遍的地区，大、中、小城市、乡镇、村落、墟集都出现过相应的骑楼。未来的骑楼仍将按固有规律，进一步遵循生态性的分布变化。骑楼已有上千年的发展历史，决不会因今天某些人的不喜欢而中断。地球气候变暖，说不定还将扩大骑楼建筑的地理范围呢。

图 6 - 11　原生骑楼

社会生活是丰富的，骑楼类型也就有很多。按功能分，有商住骑楼、商办骑楼、住宅骑楼、影剧观览建筑骑楼、生产性建筑骑楼、仓储性建筑骑楼等。按数量分，有大量性商住建筑骑楼与大型性公共建筑骑楼。按时间顺序分，有传统原生骑楼、近代骑楼、现代骑楼、后现代骑楼。按建筑风格分，有中式骑楼、中外合璧式骑楼、西式骑楼。按建筑材料分，有木、砖木、砖石、砖混、钢混等不同结构材质的骑楼。按层数和开间分，则会有单层、多层、高层，单开间、双开间、多开间等不同规模的骑楼。按骑楼部分与主体建筑关系分，有整体式骑楼建筑与拼加相连式骑楼建筑。按人行道上“骑”的是楼、是檐、是露台、是阳台、还是廊顶，则可分为多种建筑部件形成的骑楼建筑。按建筑平面形状，有规整与异形、纵深与横浅布置之分。按骑楼所处位置，则有转角骑楼、过渡地段骑楼与正当地位骑楼之别。按街道构成情况分，有“一楼一街”（特长）骑楼和“一楼（连前后）两街”骑楼。按街道街面分，有两侧面街道骑楼与单侧面街道骑楼。被拆毁的广州原六二三路乃后者的典型（图6－12）。

图6－12　骑楼与街道

分类是为了研究方便。按什么标准和方式并不重要，只要基本定义与概念不混淆就行。如荔湾某广场将本该落地成公共廊道的骑楼空间高悬在空中可望而不可即，却美其名曰继承了老街区的骑楼，令人难以接受。把某市大厦门前长期无人光顾，既不遮阳又不挡雨，毫无实质功能而仅仅形式布列的空框架说成是骑楼，也令人顿感莫名其妙；更有甚者，有人把某高层建筑“大裤衩”称为骑楼，实则大谬不然。

骑楼的含义，综合起来有下列五点：

①挡避风雨侵袭，遮避骄阳刺激，避免台风落物伤人，帮助热带、亚热带城市形成凉爽、安全的环境。

②骑楼发端于改善居住环境，进而成为良好的商业场所，表现出开放意识和西为中用的创造性思维。

③连廊连柱、连续完整，立面统一、多元共存的独特风貌，礼赞民生、民主的共荣思想。

④变单门独户的局限为主客共享空间，体现相互尊重的现代意识。走在骑楼下，自在闲适、温馨亲近，脚无沙尘、清洁整齐，透出关爱互动良好的人际关系。

⑤骑楼营造出浓郁的生活气息，实现了商业文化与社会文化、居住文化的统一。特定时段众邻里品茗、聊天、纳凉、会客、交流信息的骑楼空间，也是小孩做作业、跳橡皮筋等玩耍的地方。

2. 骑楼建筑的组成

骑楼的组成包含骑楼本体建筑、骑道的建筑、连接体、搭配体以及相关外部环境设施（图 6－13）。

- 骑楼建筑
  - 点缀体
    - 屋顶小筑
    - 重点装饰
      - 山花女儿墙
      - 主要入口
    - 环境小品
  - 骑道楼体
    - “骑”楼层
    - “骑”露台
    - “骑”阳台
    - “骑”廊顶
    - “骑”屋檐
  - 主体 —— 由各地传统建筑发展而来
  - 转折体
    - 独立型体
    - 综合型体
    - 转折本体
  - 连接体
    - 楼与楼连接体
    - 街与巷连接体
    - 楼与廊连接体

图 6－13　骑楼建筑的组成

（1）骑楼本体建筑。

构成骑楼并实施目标功能的街坊建筑，即为骑楼本体建筑。骑楼本体建筑都是由各地传统建筑发展而来的。从古代地中海边的柢式敞廊建筑到东南亚殖民地建筑，从新加坡的华侨建筑到中国近现代各个时期的建筑都可以构成不同特质、不同功能的骑楼。20 世纪初期，风行世界的现代建筑、后现代建筑以及各种结构形式的大型公共建筑都可以成为骑楼本体建筑。将骑楼艺术运用到这些建筑上，能产生内外空间相互渗透、吸纳周边的宜人环境，便于人员接近并有效使用的效果。大体量的骑楼主体建筑，常常可视为若干个小型骑楼的并联；小型骑楼常常可视为由大型骑楼分隔分割而成。如将骑楼空间抽调出来看，乃城市设计层面上的整合要素。于是骑楼主体建筑常以群体形式存在，则是一个有趣的现象。

（2）骑楼附属组成。

为保持骑楼街的连续性，使骑楼单体建筑结构简单易造、便于组织骑楼街巷空间，适应某种复杂地质地形特点，改善骑楼主体上部房间采光通风质量，增加能开窗的外墙面积，常在基本骑楼建筑之间配建某种附加建筑物——连接体（或隔离体）与转折体。

①连接体。

两栋骑楼间的连接体，一般通过简支结构或悬挑结构，连接两栋主体相离的骑楼，形成骑楼廊道宽的小型过廊、小型跨巷楼，并成为后院入口或巷道门洞。连接体基本上由门洞与骑楼组成，或本身仍属于两侧骑楼组成部分。廊道靠街面、门洞在廊后；高度1～2层，有的屋顶还十分讲究（图 6－14）。如广州西关骑楼几乎每隔 20 多米就有一条巷道。根据管理需要，门洞之后另可设置辅助用房或门檐。另一种连接体在某种意义上称隔离体更合适（图 6－15）。

图 6－14　连接体（附件）

图 6－15　隔离体（独立构件）

这种连接体也是 1～2 层，实质上并不属于两侧骑楼（或之一）的有机部分，结构上是独立的，常作为独立门楼或连廊设计，也可作为独立小型骑楼设计，迎街面依然可为商铺，并与两则骑楼形成高低大小虚实对比。街道连接体的第三种情况是独立连廊，维持顺街方向骑楼的连续性，廊后的建筑可能与之缺乏有机整体联系，这种情况出现在骑楼拆改后期较多。

②转折体。

处于街巷转折点或复杂地形处的骑楼，除了主体建筑注意作转折设计外，常另外配置一种适应转折要求、连接两个方向主体骑楼建筑的转弯体。它们可以是独立的或非独立的连廊，也可以是单独的一种异型骑楼小品建筑。一般有弧形、折线形两种转折方式，常常成为街道空间变化的视觉美学焦点（图 6－16）。

附加转角体

新建骑楼裙楼的转角处理

夹层转角骑楼

中式骑楼转角

挑骑楼转角

T型转角街口

图 6－16　转折体

③附加体。

骑楼本体建筑顶部的附加小品塔楼，常分中式亭阁塔楼、西式穹顶塔楼，以及综合型塔楼。塔楼虽小，但艺术表现力强（图 6－17）。如骑楼周边跨越河道等的桥梁、隧洞等补充设施，横跨大街的牌坊均可称之为骑楼的附属体（图 6－18）。这些附属建筑要素可能依然是骑楼或骑楼街本身的有机组成部分，也有可能是某种公共辅助设施，其有无对骑楼艺术景观影响颇大。

图 6－17　塔　楼

骑楼街巷牌楼

骑楼牌坊

骑楼天桥

图 6－18　各种骑楼附加体

（3）骑廊道建筑。

“骑”在人行道的建筑结构形式是多种多样的。如图 6－19 所示，它们可能是主体建筑某一部分的楼体（海南崖城）、挑台（梧州）、挑楼、挑屋顶、挑檐（五邑圩场）、雨篷（顺德），也可能“骑”结构上独立而又与主体建筑紧密相连的某种有脚的楼、架空的露台、连廊（广州）、半坡或双破屋顶（含台湾“不见天”）等。平常所言骑楼空间，就是专指由这些骑楼要素所形成的、具有某种美感效果的公共活动连续性廊道空间。

“骑”楼板

“骑”主体建筑局部

“骑”阳台

“骑”走廊

“骑”雨篷

“骑”连廊

图 6－19　骑楼种种

3. 骑楼的立面造型

立面造型是骑楼建筑最为敏感、讲究，思想性最为丰富的部位。分析基本形式、探讨风格流派，则是最为传统的手法，也是不可或缺的事情。李堔先生对台山骑楼立面形态的分析可作一个榜样。

（1）骑楼立面的基本形式。

骑楼立面基本轮廓构图可分竖直型与横向型两种。大量小型商住骑楼即使门面窄狭，竖直高度也不宜太低。大型公共建筑骑楼占用街面较大，主体建筑横向布置成为可能；为了造型需要，立面还可高低错落变化。针对前者

图 6－20　骑楼三种立面形式

有如下分析：

①骑楼立面的深度分类。

抓住骑楼建筑立面墙的位置方面的特征，立面形式可分为如下三种：外墙凹入的立面、外墙平砌的立面和挑出阳台的立面（图6－20）。

凹阳台式立面具有轻盈的建筑造型，空灵的阳台是一个很有意趣的审美空间。一个门面常用2根或4根（即1对或2对）不同样式的装饰柱。无论装饰柱如何划分纵向的三段，又无论如何被阳台栏杆作横向的分层，都使整个立面显得格外轻快、简洁，而又平易近人。

平砌正立面门窗的构图布置，通过大小宽窄，门额窗额曲直，排列富有疏密变化，使墙体有了丰富的构图。

凸出阳台是普遍性实用性的造型形式，表现力极其强烈，其布置关系到建筑与环境的协调与对话关系。一个凸出的主体构件，能给建筑立面以体态层次感，产生光影效果，且赋以生活情趣。除此之外，不可否认尚有以上种种混合形式。

②骑楼立面的比例分析。

一般骑楼建筑的整体结构几乎都遵守横三段构图法则（图6－21）。下段为梁柱或券柱式廊道，因阴影效应显得沉稳厚重而结实，常有连续的横向框架梁，匾额及腰线与上部区分。中段常借用窗间墙体或巨柱构成以竖直要素为主的建筑造型风格。上段是精彩的山花女儿墙（图6－22）。山花女儿墙对建筑形态的建构和天际轮廓线的形成，起着重要的作用。骑楼建筑蓬勃向上的动感，亦表现于此。

图6－21　横三段式骑楼

立面的描述与阅读，涉及许多建筑背景知识。北海市的骑楼档案对比例要求、构造特征均有确切的记载。从其细部名称即可了解一个大概。如“山花”，有称“花墙头”、“山头”的，广州多立体式短柱檐顶神龛式山头。北海山花女儿墙一般取横三段式，蔓草纹夹“天目”。横三段式有两边砖栏、中间花纹；有整体式雕花篮、花纹夹“天目”等，不一而足。“天目”即山花中心“南洋式孔洞”。紧接下来的是骑楼“上额”，可在此题写“堂号”，或做成整体式雕刻梅树梅花、双鱼等纹饰，或三段式边空栏格中实体，或刻有如“WOSANG CO”字样，浮雕小额绘纽斯文纹样。大型骑楼还有“中额”、“下颚”。下颚或横三段式凹龛有花，或整体式刻店号如“杨顺记”字样，或整体斜面匾额，或横段式书写文字如“潘德祥”等。

图 6－22　山花女儿墙

纵向分段是针对立面效果而言的。数量不等，纵三段较多。常通过窗间墙、扶壁柱、装饰柱、凹槽、墙头等实在垂直要素，或者窗洞、门洞、柱间空当等虚空要素将立面分划为中宽侧窄对称三段式。配合中高侧低的对称式山花女儿墙，无论如何都会取得理想的效果。

“窗”是很生动的要素，内涵很多，描述起来也很丰富。如木窗太阳纹又分为封闭式哥特拱与半圆拱，拱券又分有无券心石。窗檐窗台以及上上下下各式装饰图案，可谓名目繁多。窗边柱有方圆之分，普通方柱、方柱头，柱面分宽窄、有无凹槽，又是一个层次标准。骑楼底层梁柱或有雀替，或有拱券元素装饰。柱身样式很多：可分长短、巨细、圆方、中外、有槽无槽、有无柱头柱础、有无收分卷杀、是结构柱还是构造柱等标准衡量区别。大门或为趟栊门，或有神台等附加构件。

③骑楼细部构件的处理。

建筑的魅力往往隐藏在细部。细部构件的精湛处理，是建筑具有可读性、可欣赏性的重要依据所在。类似人的五官、四肢，主入口、窗、阳台、山花、女儿墙、柱子、穹顶等建筑要素，既有个性的美学特质，又影响整体的艺术形象。

细部处理可分构造处理与装饰处理。前者工程特质突出，后者艺术特质突出。壁画、浮雕、陶塑、烧瓷、木雕、砖雕、石刻等工艺美术品大量用在骑楼立面、檐下、廊下、阳台栏杆内外。如果将这些艺术品收集成册，将是一部价值极高的参考资料（图6－23）。开窗的艺术、阳台的风采、柱式风格、装饰图案，均是骑楼着力处理的内容。只有像历代西方优秀的建筑师一样，不厌其烦地玩弄经典柱式，才能创作出比例、视线、质感完美的作品。骑楼柱式虽然不像在某些古典建筑中从下到上起到控制整个构图的作用，但它与墙体的结合，成为立面上的生动元素，体现出人类的美学意识。

图6－23　装饰艺术图案（壁画、木刻、浮雕、灰塑、装饰贴纹）

（2）近代骑楼的样式风格。

广州骑楼规模大、样式多，很多学者都喜欢分析其风格，用以归类、把握其特色，便于抢救修缮。

风格不是无本之木，任其杜撰；流派也不是无源之水，任其放肆。在深厚的历史背景下、在一定的社会基础上，是有逻辑和规律可循的。风格可以通过文化的形式传播、积淀、调用。一个时代往往有一种流行的风格。流行的风格不一定就是最好的。经过历史洗礼、广大群众认可的风格，才会具有顽强的生命力和极大的审美情趣。

广州骑楼中有仿希腊柱廊式骑楼、罗马券拱式骑楼、哥特式骑楼、

巴洛克式骑楼、南洋式骑楼、中国传统式骑楼。如通过骑楼建筑特征而记述南洋华侨一段历史的所谓南洋风格就是在山花女儿墙上开一些孔洞。这些不同风格运用到骑楼上，因地制宜，可以获得理想的效果。城市规划应该考虑风格风貌的要求，历史骑楼街区的保护，更是应该忠于固有的风貌特色要求。

建筑风格从一地到另一地，从一个文化圈到另一个文化圈，难免都会发生遗传与异化的现象。文化的流变、分解，文化的融合、同化必然导致风格上的差异。理解这一点，有利于我们正确对待所谓殖民地风格问题。

风格与内涵具有微妙的关系，相辅相成。那种把超越地域、超越文化范畴的风格政治化、阶级斗争化的做法是很有害的。

（3）现代骑楼的艺术流派。

“现代骑楼流派”这个称号或概念尚未引起业界的重视。现代骑楼应该发展，可以形成不同的流派。如果“风格”多用来形容作品，“流派”则多用来区别某一时期，因不同立场、见解、习气的一些团体作者群。在形态结构基本一致的前提下，因流派不同也会产生不同风格的作品。按此，骑楼流派可多着哩！但目前尚无具体研究成果。广州骑楼是否可以划分为两个流派——西关骑楼和东山骑楼？是因“设计、施工队伍不同”使然，还是“地域性特征与建造时间先后使然”，即普遍意义上的区位性、时代性特征使然？西关骑楼屈曲柔美，是因为西关骑楼有十三行的历史底蕴，外观上有仿照巴洛克风格的明显迹象；东山骑楼简洁抽象，是因为东山城区骑楼的发展较西关稍后，在审美理念上受现代主义建筑观影响。应允许这种分析说法存在。又如台山骑楼、海口骑楼巴洛克风更甚，又该作何理解？本书观点认为除了文化传播影响之外，不同地段商业化程度不同，也会造成一定风格的空间微差。

流派的多元化，并不意味着城市建筑一定会杂乱无章。这是两回事。不论各地骑楼风格如何，不论各时各派手法如何，在那个“骑楼的火红年代”，人们的心理是平静的。骑楼的体量虽有大小，但本质是相同的。骑楼以人为本，人的价值得到尊重。流派之间并没有你死我活的竞争关系，多元化流派的存在也并不是可怕的事情。偌大一个中国，什么都搞成一个主义、一个模式，并不科学。尤其是在设计艺术领域，更不能搞“一窝蜂”、“一言堂”、“一边倒”，造成“一花发时百花煞”死气沉沉的境况。

希望在今后的骑楼营造活动中，形成众多的骑楼流派。

4. 骑楼的建筑空间

建筑是空间艺术作品，城市也是空间艺术作品。骑楼就是一种城市空间与建筑空间相结合的艺术品。用哲学的理论分析骑楼空间的广延性、时间的连续性，似乎都能给人们一种特有的美——哲理美、模糊美、过渡美，同时伴随着一种生活美、行为美、情趣美。

“骑楼”的字面解释是“骑在公共人行道上的楼房”。广州最早的叫法是“有脚骑楼”——具有落地支撑柱，后来简称为“骑楼”。相对应的“无脚骑楼”——无立柱的“挑檐”、“挑雨棚”、“挑楼”、“挑阳台”，只要“骑”在公共人行道上，形成“骑楼底”下空间，具有骑楼的某种特质，且还要具备一定的连续性，下面是真正的公共通道，否则只为个体房屋的局部构件而已。重要的是它缺少了一种神秘的界面——列柱。这层界面（街面）的缺失，将使骑楼空间缺失了许多艺术内涵、层次、光影，心理、生理上的感受，以及物质上的空间界定、分隔、遮拦、维护等作用，进而影响、改变了人们应有的行为方式。我们通常说的骑楼多指由“有脚骑楼”组成的街道房屋群体及其附属的空间设施。如何分析界定骑楼空间是一个看似无聊，实则值得深究的趣事，其深刻意义就在于是否具有中介空间特殊的美学效应（图6－24）。

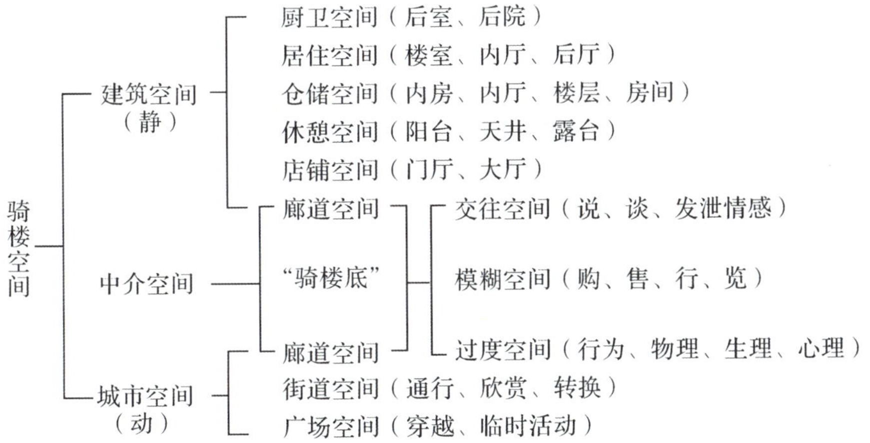

图6－24 骑楼建筑空间分析

只有骑楼与骑楼之间的结合是最为紧密的。一栋骑楼很平常，即使留下足够的“骑楼底”下空间，也构不成一定的气候。数百上千座骑楼建筑联系在一起，骑楼底下空间就会发生奇迹般的建筑艺术化效果。这里形式美学的要素极其丰富、形式美的变化也极其丰富。骑楼建筑相似山花女儿墙的重复、窗洞阳台的重复、柱子的重复，产生了一种积极有生气的节奏和韵律感。透视骑楼街道，骨骼要素的渐变，可形成视觉的焦点和高潮，可造成起伏感、进深感与空间的运动感。近似的规律，使一组形状、大小、色彩、肌理近似的形象组合造成了强烈的系列感、统一感。齐一与变化、比例与尺度、质感与肌理等形态特征显示的形态力量、速度、方向等运动因素，都能同人们的情感贴合同构。这样的景观在某些无规则的现代马路上是很难看到的。

相似模式与同一性、接近模式与连续性、趋合模式与一体性，是骑楼街的基本形态组织特征。空间形态大众化的操作，因空间特殊的限定度造成了骑楼街的流通关系，因空间巧妙的叠合术，造成了建筑功能的模糊关系，因限定的层次多样化，造成了骑楼空间的中介过渡关系。最后产生了骑楼空间的动态美、哲理美、模糊性的美，一句话——人民性的美。

骑楼底下的空间，自然属于单体骑楼建筑的一个组成部分。楼是业主建，但路是城市开。骑楼下的地面也是城市人行道路面，显然属于公共空间性质。于是，骑楼空间既是建筑空间，也是城市空间；既是私人领域，也是公共领域；既是商业空间，也是交通空间；既是室内空间，也是室外空间。综合其所有功能属性，称为“中介空间”则是合适的。

构成骑楼空间的立柱、平梁、拱券、天花、线脚、店面等建筑要素，是人类发现最有形象性、生动性的构件，最为人们所触摸、接近、欣赏的构件。它们构建了骑楼的廊式空间、城市线性步行化空间。于是，将骑楼称为敞廊空间很有道理。尤其是欧洲善于石砌连续拱券结构形成的骑楼长街，给人不乏深刻的印象。

我国骑楼主要分布在南方城镇。南方的气候环境是夏天长而湿热、冬天短而温暖，太阳辐射强、暴雨多、台风多，空气湿度大。具有遮阳、避雨、防日照紫外线、眩光和曝晒物理功能的骑楼，恰好能给居民游人以莫大的防护舒适感。又因骑楼合适的空间尺度，行人与商家是那样的随机随缘。不尽的温馨心理安全感，无言地呼唤着来往客户，从而获得了全天候的商业功能，尤其最适合城镇商业区使用。

南方相对北方商业较发达，商业建筑也较受到人们的重视。商业追求平等、自由、公平、竞争的社会特质，希望人们同在一个平台上经营。满街的骑楼从物质形象上体现了商业社会公众的这种民主、民生、民权需求，尤其是在全民经商、私人资本得以提倡的经济社会。

商业需要信息、需要交流、需要知己知彼。来的都是客，生意不成人情在。以人为本，相互间的体验、关照、呵护，是和气生财的表现。骑楼这一简单、低成本、好规划、易组织，便于自由衍生发展的商业建筑模式，自然会受到人们的青睐。

马克思讲："人是按照美的规律来塑造的。"[①] 当任何一件事物的基本功能得到满足后，人们便开始了美的创造、美的追求。我国近代骑楼商业建筑是中西两种文化共同孕育的产物。自然可从中西两个方面寻找骑楼的空间艺术渊源。骑楼属敞廊式商业建筑，探索西方敞廊式建筑的产生、发展、演变的规律，从国外寻找人们对骑楼空间美的追求，对于帮助我们释读、创作具有岭南特色的骑楼建筑也是大有裨益的。

5. 骑楼的城市空间

骑楼、骑楼街，一般包括赋有流动性美感的廊道空间，具有整体连续性美学特征的骑楼街巷网络空间，由连续骑楼立面围合的城市广场空间，在骑楼建筑中开辟出来的神秘深邃的地下空间，以及后期发展演变出的空中骑楼空间。

（1）骑楼廊道空间艺术。

骑楼之基本空间当为廊道空间。其横向艺术美着重表现为从建筑之内到街道之外，物理（声、光、热）上、情理上、生理上的舒适美、过渡美，功能上的模糊美、中介美；其纵向艺术表现为连续性的美、连锁性的美、互补性的美（不到甲店、就到乙店，反之亦然），很容易体验到形式美学中的节奏、重复、韵律、渐变、转折、高潮、尾声等动态之美。廊道空间的视觉审美对象包含立柱、壁柱、柱列、天花吊顶、地面铺装、店面装潢、灯光等中观、微观要素。

---

① 1844年经济学哲学手稿．朱光潜译．美学（第二辑）．上海：上海文艺出版社，1982.

廊道空间除了“被看”，还有“看”的艺术性。站立或行走在骑楼之中，人们安全地欣赏到柱廊所框的框景作用：一个框一个框地扫描获得步移景异的美感，柱廊、柱列的透视效果帮助人们心驰神往前方的高潮靓景，一个个商橱景窗令人左顾右盼。逛骑楼街的妙处不仅在购物，更在于步移景异、美景养眼也（图 6－25）。

图 6－25　廊道空间景观

（2）骑楼街巷的空间艺术。

清代诗人王拭对廊檐街巷赞曰：“摩肩杂沓互追踪，曲直长廊路路通。绝好出门无碍雨，不须登履学坡翁。”骑楼对街道格局的适宜性，使之形成一个统一体；骑楼于高层建筑的适宜性，将不同高度的建筑拉入了一个统一体；骑楼于公共建筑的适宜性，将大型公共建筑与大量商住建筑拉入了一个统一体；骑楼于复杂地形的适宜性，克服了地块可能给街巷带来的不完美感，反而使这样的地带产生别样的趣味；骑楼于恶劣气候条件之下，供大众以舒适的逛街环境。连续、完整、密切的街坊邻里，相互守望、共谋繁荣、携手为伍、大家庭式的群体关系，对任何一个顾客都没有排斥感的街巷店面，是其他形式的商场无论如何也弥补不了的。

（3）骑楼广场空间艺术。

江门市有一个地处骑楼街区的广场，虽暂时不明其形成的原因，但其效果令人欣慰。沿江的单边骑楼街在此凹了进去，垂直江堤转折形成另两个很美的界面；广场平行江岸的抵景是另一条骑楼街，左右存在两个街道进入广场的入口。骑楼广场总的空间尺度、围合性效果均很好（图 6－26）。威尼斯圣马可广场因周边的市政厅和公爵府美丽的外廊、崭齐的天际线以及纯净安定的背景，所以创造了美。相比而言某些城市则将一条条完美的传统骑楼街“大拆大建”，搞得支离破碎，街不像街，广场不像广场。骑楼立面优秀的古典构图全被广告遮挡，商店不像商店，仓库不像仓库，令人生厌。

图 6－26　街巷空间与广场空间

（4）骑楼地下空间艺术。

这是战备设施在和平时期的一种合理利用。广州人民南路骑楼街下当年挖了很多战备防空洞，于此创建骑楼街地下商场，不愧为成功转换利用的典范。现代地铁可以通到古老的骑楼下，骑楼地下空间接驳地铁，历史街区的交通条件得到极大改善。借口交通大拆历史街区的行为，应该休矣。

（5）空中骑楼艺术。

有学者策划运用双层骑楼模式，恢复被拆毁的广州解放路骑楼街。这种大尺度街道的骑楼模式，将辅以上下电动扶梯、平面加速电动传送带、照顾残疾人设施等，千方百计营造舒适的骑楼环境。这是传统骑楼街道被毁后，为避地面汽车伤害而被迫采取的方案措施。

特大都市香港，为逃避地面车辆的干扰，近期出现有准骑楼式的空中长廊连接多栋商业、办公大楼，同时配以相应交通、饮食服务等立体式的设施，方便市民活动，成为都市新景观。

（四）骑楼建筑造型艺术

广州骑楼是粤派骑楼的代表。相比岭南地区众多有骑楼的城市，广州骑楼具有体量最大、高度最大、规模最大、形式最多的特点。骑楼一般分楼顶、楼身、楼底三部分，即所谓“横三段”（图 6－27）。

下段为骑楼列柱，中段为楼层，上段为檐口或山花。有的楼顶有塔楼，有的在正面墙上挑出拱形雨篷，造型丰富。墙面装饰多种多样，如浮雕图案、窗洞外套、分划线脚、阳台铸铁栏杆等，有的融合了西方巴洛克或洛可可建筑装饰风格，有的是岭南特色的佳果图案与吉祥纹饰以及中国古典卷草图案。有的地方（西关）将大量满洲窗运用在骑楼上，作为重要的艺术表现和视觉美学焦点。沿街立面经常在各层窗台以下的墙面或檐口窗楣等处加以丰富的装饰纹样或浅浮雕，所有的装饰与纹样自下而上逐渐丰富，且与左右对面的伙伴建筑融为一体。

图 6－27　横三段式骑楼

骑楼立面也常常按“纵三段”来分划构图：或者划分为三个等量单元，或者划分为“一中两侧”（“一主两副”）进行构图。如楼层部分的三开窗，或中间大两边小，或中间高、两边低，或中间圆两边方，等等。门面开间无论大小，“纵三段”的设计手法总能发挥很好的作用（图 6－28）。在此基础上，因种种原因，几栋单体骑楼又能组织更大的立面造型或构图。这种更大的组合，往往潜意识地又用到了大“三段式”手法，自然能产生较为成功的整体效果。

骑楼建筑空间形态特征是“小面宽、大进深”。20 世纪二三十年代广州拆城筑马路时期，由传统民居竹筒屋改建或兴建而来的骑楼很多，因此“小面宽、大进深”是前期骑楼建筑的基本特征。这些民居式骑楼一般朴实雅致，大多数路段的骑楼外墙为原色水刷石，少数为红砖墙，凝重、大方、整体感强。

图 6－28　纵三段式骑楼

许多骑楼式大型公共建筑外墙的装饰材料丰富多彩。如当时广州商业黄金地段人民南路，许多大型酒店、旅馆建筑，用地不属于竹筒屋细长形状，本身平面布置设计也不是以一串“金”字屋为单位模块，基本采用了现代建筑设计的手法和集中用地的方式，只是严格照顾街道完整性而运用了骑楼的空间艺术，雄厚的资本得以采用打制的石材贴面，使之成为气派壮观的骑楼。

早期骑楼与建设高峰时期的骑楼，基本上呈现出以上两大模式，且以前一种为主。这是由当时投资主体的经济实力决定的。前者开间的多少大小、后者体量的大小，决定着骑楼规模投资的大小。

1. 单体建筑风格

庄裕光在《风格与流派》中说道：“建筑风格是指建筑造型、功能布局和建筑装饰所具有的时代共性。西方建筑学界为了分辨建筑的历史特征，而将西方建筑按历史进程划分为古埃及、古希腊、古罗马、拜占庭、文艺复兴、巴洛克、洛可可、古典主义和现代建筑，并通常在字尾加上‘Style’（风格或形式）一词，说明形式特征。”庄先生紧接着指出，历史风格只反映时间次序的差异。同一历史时期也可能有多种风格并存，这就是流派。

根据庄先生的论述，广州骑楼大多出自20世纪前30年，各种骑楼建筑的风格不可能一个时段接一个时段有次序地出现，不同的风格也许就是同年同月产生于不同的建筑流派。因为上述各种风格都是文艺复兴的产物，广州当时的骑楼也应该说是文艺复兴在中国的产物，具有文艺复兴的历史意义。下面重点介绍几种不同风格的骑楼范例。

（1）仿希腊柱廊式骑楼。

古希腊建筑的三种柱式一直被欧美建筑界尊为典范，以围廊为主的平面形式，以石质梁柱结构为主要构造方法和以雅典卫城为主要模式形成的群体艺术原则，深深地影响着欧洲2 000多年的建筑史。希腊建筑形式同

图6－29　新亚大酒店

样也影响到广州的骑楼。具有“华南第一楼”之称的人民路新亚大酒店建于1927年（图6－29）。迎街面立6根希腊式爱奥尼克柱成为它的标志。面料为大块麻石的柱身与雕刻细腻的柱头浑然一体。尺度恢宏的柱身与带有涡旋的柱头构成刚柔并存之美。结合承重功能的断面要求，此种希腊柱式虽做成扶壁柱型，但立体的圆雕效果颇佳。主入口柱廊处还附有2根较小的、装饰性塔司干柱，为突出建筑主入口与大柱作了巧妙的配比。学术界虽总是将此楼归于仿希腊柱廊式看待，但两侧同时具备的砌块式的发券，使之同时拥有浓郁的罗马风味，与近在一巷之隔的一座古罗马券廊式骑楼——新华大酒店，取得了有趣的呼应。

（2）古罗马券廊式骑楼。

古罗马建筑的大型拱券结构、多样俊秀的柱式艺术、雄伟华丽的建筑风格，可谓欧洲建筑发展的里程碑，永为后世所景仰。威特鲁威的艺术总结不但是文艺复兴时期古典复兴的重要依据，也是中国骑楼近代化建设学习的榜样。

广州人民南路新华大酒店骑楼底层运用了大型券廊，券心处嵌以精致、厚实、巨大的涡旋式的“龙门石”（锁石）作装饰，形成了鲜明的韵律感。有的部位运用了简化的塔司干罗马柱式，尺度相对较小，但恰当的装饰构图突出了重要的入口位置，且很有欣赏趣味。连续的巨石型拱廊，弧形变化的墙体，既是力量的象征，又使庞大的建筑体量显得开朗明快。该楼雄伟、壮实，人们常以此作为古罗马券廊式骑楼的代表（图6－30）。可惜这栋建筑的上部构成缺少必要的罗马元素或细部，上半身与下半身明显地不够完满齐一。所谓罗马式，不过仅仅局限在底层骑楼部位而已。

图6－30　新华大酒店骑楼底层的券廊

（3）哥特式骑楼建筑。

尖形肋骨拱顶，坡度很大的屋面，直指霄汉的高塔，垂直挺拔的束柱，精雕细琢色彩斑斓的棂花窗，是为常见的哥特式建筑形象。也许是中国人的宗教、哲学、传统建筑审美观的影响，对哥特式造型艺术兴趣一般不是很大，要不就严重地世俗化处理。爱群大厦（图6－31）、北京路新华书店（图6－32）是仿哥特式骑楼。这种形式的典型代表为数不多，尤其是前者。后者尚有一些类似的小型骑楼，因具有3～4条垂直的窗间窄墙作“冲天”状处理，亦可归并为哥特式。

爱群大厦的立面以垂直构图为主，设哥特式窗（削去了窗顶尖角），底层骑楼梁柱也处理为仿哥特式窗形式，舍去大量哥特式建筑细部。外观2～3层之间用了不十分明显的檐部线脚划分了上下不同窗形的楼层。由下向上渐小的开窗比，使石筑外墙更显厚实挺拔感。陡坡屋顶加强了建筑的竖向动感。爱群大厦的设计是很成功的，且不说内部空间的处理十分精练紧奏，仅外部骑楼空间就很好地适应了两条干道斜交、地形存在高差的情景，第一次将骑楼用于高层建筑也是有创意的。北京路新华书店以强烈的垂直线条和拱形窗体呈现出哥特式装饰风格，墙柱的整体划分及其细部线条、图案的处理艺术很值得人们研究与借鉴（图6－33）。

图6－31　爱群大厦

图6－32　新华书店

图6－33　哥特风格的细部

（4）巴洛克式骑楼。

巴洛克式建筑是意大利文艺复兴末期在罗马教堂建设中形成的一种建筑风格并蔓延到世俗领域所产生的各种建筑。这类骑楼采用S形曲元素装饰，多运用在山花女儿墙及立面柱式的设计中（图6－34）。立面的开窗常采用罗马拱券形式，山花挑檐处赋予较多的细部雕饰。万福路、下九路、龙津西路、东华路有不少类似的例子。海珠区南华西街万福路114号骑楼，装饰柱廊布置部分地引用了帕拉第奥母题手法，使立面加强了单体建筑的整体感。其实，17—18世纪巴洛克建筑风格的地域性样式是很丰富的，反映了各地人民对自由的世俗思想的向往追求。在中国巴洛克风格式的骑楼建筑中，根本还谈不上有哪些巴洛克式的弊端。国情和物质基础也不允许民间投资者过分地追求“珠光宝气”。用“奇形的珍珠”比喻某些不计成本的国家政府工程倒是很贴切的。

图 6－34　消磨了细部元素的山花墙头

巴洛克式骑楼的产生，本来就是很自然的事情。“炫耀财富”、“标新立异、追求新奇”，甚至“哗众取宠”，这是一般商业推销活动的专业作风。巴洛克风格与商业相同的表现特质，使它们互为攀缘、有机结合，这没有什么不好的。只要公平竞争，对天讲价、就地还钱，则无可非议。倒是巴洛克艺术中各种柔和的曲线、曲面，使空间充满令人活跃的动感。巴洛克艺术崇尚自然、欣赏自然美，给人以生活在大自然中的乐趣。打破建筑与雕塑、绘画之间的界限，使之互相渗透、相辅相成，这十分有利于多种艺术的社会化、公开化的发展运用。欢快适当、雅致有加，刻意追求、张扬有限。这几乎是每一个骑楼城镇共有的景观格调。巴洛克风格打破了对古罗马建筑理论家威特鲁威的盲目崇拜，也冲决了文艺复兴晚期古典主义者制定的各种清规戒律；今天又意味着有一定经济力量的某种新型阶层对世俗的表达，具有进步的一面。

（5）南洋式骑楼建筑。

广州骑楼的修建者相当一部分是“下南洋”的华侨，几十年上百年之前，他们带来了异乡的风情与时尚。骑楼建筑承载了历史，见证着广州这座城市与亚洲乃至世界各国的交往痕迹。海珠路、南华西路均有范例。文明路186号，可说是南洋骑楼中的代表作（图6－35）。这种骑楼有南洋地区独特的创造性形式——在女儿墙上开出一个或多个圆形或其他形状的洞口，以减少台风对建筑物的损害。这是一种建筑智慧，也是记述着南洋华侨历史的符号。

图6－35　南洋遗风

（6）中国传统式骑楼。

学术界常以德政南路139号为中国传统式骑楼的代表。其本质特色是主体建筑的“金”字屋顶覆盖骑楼部分，屋顶排水当然会是有组织的。这种骑楼说明了南方传统民居也可以跻身于骑楼建筑行列，得到传承利用。底层沿街挑出，长廊跨越人行道，楼层立面装饰较少——如果业主商业意识强烈，自然也不会放弃必要的装饰。如果搬出中式大屋顶，作局部造型设计，按木结构建筑模式于额枋处进行装饰亦顺理成章。这种骑楼仅在南华路、同福路、万福路、德政路、起义路等地带还有零星保存。新加坡有我国传统建筑走出国门的当代“标本”。图6－36为钢筋混凝土结构建筑，中国式墙柱门窗塔楼装饰与巴洛克山花女儿墙上下辉映，可谓恰到精妙处。

（7）现代式骑楼建筑。

这种骑楼建于20世纪60年代以后，在尺度、结构、材料、造型上具有现代建筑的简洁作风。但总体结构还是三段式：下段为宽约 4 米的走廊列柱（合乎梁柱经济跨度）、中段为楼层、上段为檐口天沟或少量女儿墙。讲究的骑楼沿街一面各层窗间墙或檐口窗楣处都有一定的装饰花纹或浅浮雕。大多在立面处理上舍弃了复杂的装饰，运用了简洁、明快、实用的功能主义处理手法。进入 21 世纪，尚有不少后现代主义骑楼建筑冒头。

图 6－36　早期陶陶居酒家

2. 地方建筑流派

骑楼应该发展，可以形成不同的流派。如果“风格”多用来形容作品，“流派”则多用来区别不同立场、见解、习气的一些作者或团体。流派难免具有一定的时代性。同一派可能传承几代人。在形态结构基本一致的前提下，因流派不同也会产生不同的作品。同一时期因设计、施工队伍不同，也可以划分为不同流派。但目前尚无具体研究成果。

西关骑楼屈曲柔美，东山骑楼简洁抽象。造成西关骑楼和东山骑楼之别，“既有地域性特征使然，也有建造时间先后不同使然”。余英博士对此有详细说明：西关城区随十三行的发达而发展。西关骑楼则是早期骑楼的代表，外观上有仿照巴洛克风格的明显迹象（图 6－37）。山花、楼身大多较为忠实地采用了具有古罗马特色的装饰符号，如罗马柱、卷曲花纹等，但也融入了中国传统建筑的诸多元素。如墙体多是中式清水砖材料，窗户多为清代西关大屋中常见的满洲窗——由一块块细小的彩色玻璃组合而成的平开窗或中旋窗构成了完整的图案。顶部的山花挑檐也一改西式教堂的尖顶，从我国古代的飘檐那里受到启发，做成线条和谐的神龛顶。

东山城区的发展较西关稍后，故东山骑楼形成年代较西关骑楼稍晚，在审美理念上受现代主义建筑观影响，由具象走向抽象，逐渐抛弃了讲究的符号化装饰，立面处理更趋于简洁现代化风格（图 6－38）。如线条繁琐的罗马柱变为简单的方柱、圆柱，细石米墙代替了西关早期手工艺水平极高的清水砖墙，几何图案增多而卷曲线条减少。山花挑檐则是东山骑楼有别于西关骑楼建筑最为突出的地方，正面墙挑出整体屋檐，集装饰和防雨功能于一体，实用的功能主义设计手法畅行。

图 6－37　西关式骑楼

图 6－38　东山式骑楼

这些都是有道理的。中国向来习惯于泯灭艺术流派的个性特色。如果还要从更深层次寻找原因，则是西关骑楼的商业性功能大于东山骑楼，东山骑楼的居住性功能大于西关骑楼。两者追求的艺术氛围有很大区别，于是装饰式样与手法自然就有了区别，这对形成上述两种流派不无道理。然而，不论各个时期骑楼风格如何不同，不论各个流派手法如何迥异，精神实质还是一致的。在那个“骑楼的火红年代”，正是辛亥革命之后，古老的封建帝国迎来了民主共和的思潮，人们的心里总有一种蓬勃向上、开放改革的情绪，很自然地会在传统建筑基础上，面对世界性商业活动，采用西方各种尊重个性、主张公平竞争，又强调人本主义的建筑风格，兴建商住两用的骑楼。骑楼的体量虽有大小，本质上没多大区别。骑楼以人为本，让人的价值得到体现。人们创造了骑楼艺术，骑楼回报给人们以生活情操和幸福感受，还有那城乡进步化的历史。至于其他更高物质层次的东西，或许人们会在今天或明天的骑楼中创造出来。

既然骑楼能从悠久历史的深处走来，又能面向日益进步的未来，所以，我们可以断定骑楼永远不会消失。广州应该永久地保护骑楼，发展各种骑楼建筑流派。

3. 山花寓意解读

中国建筑似山之墙常设于东西两端。因气候原因，为克服令人难受的东西日晒及早晚光线的悬殊变化，一般山墙很少开窗开门。如有左邻右宅，常将山墙高出屋顶，这不仅明显地划分出了“张家李家”之界，还能有效地起到阻隔火灾蔓延的消防作用。中国房屋之大木结构特点，便于南北向开窗开门、通风采光、组织流线交通。故岭南地区除台山某些骑楼于金字山墙面街开门外，大多骑楼街喜作东西走向，不但有沿江顺河取水、航运、周转货物之便，更有使骑楼建筑作南北坐向，前后形成穿堂风之利。原本的山墙失去了外露观赏的可能性，只有迎街正立面成为开展内外信息、物质、货币、人员、气流、光线流通的重要出入口。再加上其他功能需要，重视立面的设计就是非常必要的了。用传统的山墙审美观念来看待立面，呈“山墙”的整体形象普及化后，“山花女儿墙”自自然然就成为一个专有名词了。

岭南骑楼之“山花”，是为动人形象之处。

山花女儿墙构成了骑楼街的第一天际轮廓线，是建筑与天公对话的地方，是业主给信众留下最好印象的地方。因此，在商品经济大潮日益开放的形势下，这里是重要的视觉焦点。除了要自由而恰当地表现美、信仰和吉祥之外，也是各商家尽力表现实力，相互争宠、争贵、争富的名片广告，和颜悦色的体面符号与自我形象，设计上当然就要有一番讲究与追求。

不过，骑楼山花毕竟不同于传统建筑山花，在很大程度上受到西方艺术的影响。本书将此简要划分为三类：

（1）立柱神龛式山花墙类（图6－39）。

图6－39　立柱神龛式山花墙

断开挑檐版，用短柱支持折线形或弧线形的山墙盖顶，很快就能营造出一个神圣而立体的视觉空间。就此而言，中国建筑的硬山、悬山、歇山等构造元素如封檐板、眼孔、灰雕、彩画、悬鱼等，都在此消退或有许多变化。此种形式以中国式神龛作背景也说得过去。岭南民居常常在厅堂正中设置有神楼，纪念祖宗、供奉守护神。类似拓扑原理，于室外相对应的地方——骑楼大门上方的屋顶山花处也有一个心目中的神龛，可谓吉星高照，全方位地保佑户主生意、生活万事如意。

图 6－40　圣玛丽亚教堂

结合西方元素的造型，则带来强烈的石结构特色。由西方老虎窗、阳台墙面框形饰、窗洞及其窗头框形饰、门洞及其门头框形饰、钟塔立面，高出屋顶的山墙盖顶设施以及整个山墙形饰都是骑楼山花的造型母题，由此简化设计而来的可能性很大。西方三角形山花或断三角形山花，曲线形山花或断曲线形山花造型更是直接的借鉴对象。从罗马康帕泰利的圣玛丽亚教堂（S. Maria in Campitelli，图6－40）中，均可发现广州骑楼模仿复写这类山花造型的底板。细部如阿克柔特（Acroteria）即三角形墙顶部和下角方有塑像及其他装饰物的基座或装饰物本身，以及拱券及拱顶饰物均能在骑楼中找到运用的实例。

（2）涡卷式牌匾山花墙类（图6－41）。

此类造型可以巴洛克中的一种涡卷式牌匾为蓝本，即一种华丽的碑志，形似卷轴的画面，或为雕刻出的或为平面的。其中常有天使圣女雕像，纵或铭刻或留白，也是一个虔诚的视觉焦点，四周均有精巧的卷页状雕饰做框子，且经常用在女儿墙、门窗顶上。罗马圣卡罗教堂（S.　Carloalle Quattro Fontane，图6－42）乃巴洛克艺术典型。入口正中女儿墙处设置了一个巨大的圆弧镜面，似乎要洞悉世间一切纷扰。

图 6－41　涡卷式牌匾山花墙

图 6－42　圣卡罗教堂

当时广州骑楼的建造背景具有类似巴洛克时代不拘常规、力求开放活跃的心态，于是借鉴巴洛克艺术成顺理成章之势。在入口处重点布置涡卷式牌匾山花女儿墙装饰，正好表达当时的主流文化意识，同时利用牌匾来标志店堂名号，弘扬商业活动的美好前景，也是一举两得的好事。

（3）神龛牌匾混合山花墙类（图6－43）。

将上述两种形式的做法综合，更有新意和灵活性。神龛常处于正上方位置，是人们崇拜的地方。北海骑楼将此处减少风压的艺术孔洞称之为“天目”，虔诚地注视神灵。西方将上帝的神龛供在教堂上，中国人更热衷于把神供奉在自己家里。

图6－43　混合型山花墙

珠三角地区各市镇的竹筒屋、骑楼在城市近代化过程中的建设规模甚大，尤其是华侨投资大的地方，外来文化建筑风貌的影响更大（图6－44）。因个体业主经营的多样性，当年呈现出百花齐放的局面，当前却面临着生存危机。

图6－44　各地南洋风山花

（五）骑楼街道绿化雕塑

日本芦原义信的《街道美学》越来越感染世人；美国雅各布什的《伟大的街道》越来越引人注目。谁都明白，看看一国的街道就能知道这个国家的生活。

城市空间尺度决定于城市设计，环境艺术可做到锦上添花，也可做些完善弥补的事。骑楼环境的构建一般包含骑楼街坊立面设计、内部天井设计、骑楼街道空间环境设计、骑楼广场艺术设计、骑楼流动性空间设计、骑楼室外艺术设计、骑楼街巷绿化景观设计、公共场所雕塑艺术设计、广告设计、街道广场夜景设计、社区人文动态景观设计等。

1. 骑楼街坊立面设计

坊，里巷也，多用于街巷名。坊间谓之街市上。街坊本指邻居，此处借用是指迎街立面房屋、过道出入口或重点廊柱开间。骑楼街面，仿佛一幅巨大的壁画。这幅画美不美，最影响旅客的情绪。首先是整体上的美（节奏、韵味、色彩、材质等构图），其次是轮廓线的美，再次是第二轮廓——广告牌的美。如果没有建筑物的美、建筑全被广告牌遮挡，只留下两根骑楼柱脚支撑着，这样的“名街”还有美可言吗？还有欣赏价值吗？如果没有建筑细部，这样的街就没有逛头，仅有商品，顾客也不一定有兴趣来的。

街坊立面乃相对重点部位，也是店铺入口的设计。多开间的骑楼，通常用突出下额柱子、加大入口骑楼空间高度、突出正立面形象等建筑手法，还有用装扮柱廊外侧门户、装扮廊内店铺门户、货品店名标示装饰、廊道吊顶等辅助手法来加以强调（图 6 - 45）。此设计对象层

图 6 - 45　骑楼门面设计

次丰富、元素多样、风格多种，里里外外、上上下下、前前后后都有用武之地。

2. 骑楼旅游景点设计

发展骑楼街区的旅游业是有效保护骑楼、保护骑楼历史街区的好方法。旅游者参观城市的历史街区，是了解一个城市发展最好的途径。千城一面的高层建筑说明不了什么。骑楼街区乃充满人情味的景观商廊，展示的不仅是城市的物质产品，还有丰富的历史文化。骑楼街适宜步行化，这里可以接纳大量的旅客。旅游街流动性的环境使客流不停地流，不停地产生物流、人流、信息流。通过组织有风趣的交通模式，有意将游、憩、购、娱、住、行进行统筹规划，这样的骑楼历史街区，谁说不是一个无烟的经济增长点？骑楼街的旅游景观的设计具有历史渊源深厚、素材典故丰富、流传广泛的特点，相比那些短命的大型主题公园，容易取得经久不息的效果。

我国南方许多城市就是以骑楼街区为主要旅游对象，吸引了国内外的游人。比如梧州骑楼城、海口骑楼老街、潮州牌坊骑楼街、北海老城，以及台山、江门、顺德等繁荣热闹的骑楼街区均是人们的游览胜地（图 6－46）。

图 6－46　骑楼街区的教堂

3. 骑楼广场艺术设计

近代史上的骑楼广场有哪些？广州四牌楼是解放路上的骑楼广场，可惜现在看不到了。中山大道与起义路相交的中央公园处，三面都有骑楼街，也是骑楼广场。人民路、长堤路至江边的街口处也应算是骑楼广场。如街道相交处，或街道与大马路相交之地，基本上都可以构成当时城市广场的空间元素。佛山、江门、台山、顺德同样具有类似的骑楼广场，为丰富市民的生活，意义匪浅。当代江门组建了一个三面骑楼、一面面江、十分工整的骑楼广场，广场交通处理得很好，景观小品、绿化美化、公共服务齐全，深受群众喜爱。

宋玉生广场是澳门骑楼新广场的实例。它落成于1996年，属于港澳式大型填海高级商住区。在约40米宽的林荫大道的两侧各耸立着一排20多层的高级写字楼，其下为两层高的柱廊，大厦巨大的尺度、连绵长远的柱廊十分壮观，打造出一个现代感十足的大型骑楼街。成街成行的骑楼大大地提升了澳门骑楼文化的内涵。骑楼下的茶餐咖啡厅在廊下路旁摆放着桌椅，中间的林荫大道里棚架座凳、流水栈桥、儿童嬉具等，造型简约时尚。开阔惬意的骑楼空间和林荫大道组合成了一个巨大的城市客厅，迎送着八方游客（图6－47）。

澳门宋玉生广场

顺德骑楼广场

图6－47　骑楼广场

4. 骑楼室外艺术设计

环境设计曾在历史上影响过整体城市的空间结构，人们按居住艺术所开创的形式设计城市。更多、更持久的是，环境艺术改善城市空间服务。骑楼室外空间包含骑楼街道、骑楼广场、骑楼屋顶空间及其露天庭院空间。只有当骑楼室外空间实现步行化时，环境艺术的人性化、生态化才显得格外重要。芝加哥街头，树丛、花丛、坐椅铺地可营造出一个局部的休憩空间；街道某个小角落只要有树、有水、有小景，就能诱人坐下休息。纽约街边某空地两边是绿化墙，对面是水幕、高树两棵，足以令人歇脚。我国北方城市常见的一种极富生命力的野草，种到了美国艺术博物馆，但如今在我国已少见。如果将其种在大街边、大理石花盆里，它将比某些娇气的鲜花更能引起我们对城市的爱。

植物可大量用于骑楼的室外空间。恩宁路的街道绿化无专管人

员，却自然成荫（图6－48）；罗马的“许愿池”比空洞的喷泉吸引

图6－48　骑楼街的各种绿化模式

人。壁泉、趣味喷泉可与日常服务设施结合设计。街头雕塑本是普通之物（图6－49），选址却是一个重要的创作环节。因为环境艺术是综

图6－49　骑楼街各种雕塑作品

合艺术，环境艺术师的设计不仅仅只表现自己的作品，还要将骑楼街区的建筑艺术、廊道艺术、人们的行为艺术加以综合再表现、再创造。如梧州骑楼城牌坊附近的“一分炒两味”、“艇仔粥”、“埋街”、“两小无猜”等市井文化雕塑小品，将上了年纪的“老梧州”当年的岁月作了酣畅淋漓的表现。

七、奇葩荟萃

——广府骑楼的百年精华

骑楼来自遥远的历史深处，骑楼来自遥远的地中海沿岸。它有中国的基因，也汲取了西方的营养。当两种建筑文化相碰撞、相结合之后，就在我们生活的广府大地上，沐着南洋风、冒着湿热雨、顶着岭南的烈日骄阳，衍生出我们今天看到的各种各样的骑楼。它们之中有平易近人、宁静致远的居住建筑骑楼，有大、中、小型商业型或商住结合型的公共建筑骑楼，有近现代各个时期出现的高层建筑骑楼，有各种用于文化、体育、观览等文体建筑骑楼，有作坊生产性到机械生产用房的工业建筑骑楼，有交通建筑类骑楼，有发展到二层楼及以上、更高尺度的空中型服务性的骑楼。骑楼与我们的生活关系密切，本章就让我们来看看一些有代表性的骑楼吧！

（一）平民化的居住建筑骑楼

在广州市的地图上，有一块龟板形状的历史街区，周边围绕着一圈生动醒目的骑楼长街。恩宁路就是这条骑楼长街的一部分。东端紧紧相连的是全国著名的西关商业中心——上下九路步行街；西部相连的是西关大屋密集区和荔湾湖风景旅游区（图7－1）。

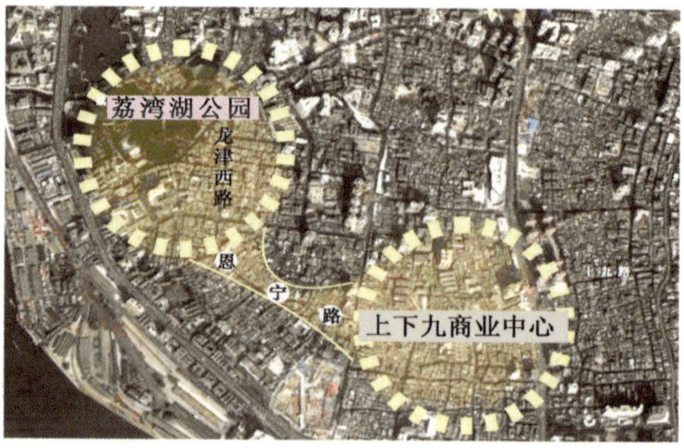

图7－1　恩宁路骑楼街的区位

恩宁路是以居住为主的骑楼街。城市民间文化艺术一般都深藏在城市的历史街区。历史街区乃守卫城市特色文化的最后一块安身立命之地，实现民间文化文艺复兴的一座顽强的营垒。

1. 恩宁路骑楼街的文化特质

恩宁路紧邻西关大屋，其地段同为珠江冲积平原水网地带，历史上呈“河涌纵横、舟楫往来，虹桥涉水、柳岸成街”的水乡风光，财旺人旺。自1920年以后，街道逐渐扩建成马路，全长750米，宽18.4米。百年来素有“广东粤剧粤曲之乡”、南拳“武术世家发祥之地”、“龙虎武师培训基地”等称谓。在此盛行的“粤讴”曲艺、光雅里的喜哀仪乐、享有“南国红豆”声誉的儿童戏剧、被外国友人喻为“玻璃音乐”的南曲，构成了一道道雅俗共赏的文化风景线，形成了一个富集民间观演文化之基因的特色骑楼街区。

命名源于“施恩栽艺，宁静致远”的恩宁路文化特质是什么？

（1）一块具有群众基础的艺术领地。

粤剧是广东代表性的剧种，可泛指上述种种民间戏曲艺术。粤剧吸收了其他民间艺术的精华、借鉴了兄弟剧种的特长，以民众生活为源泉，运用现实主义手法，表达人民大众的审美精神和思想境界。在西关恩宁路一带如今留有大量昔日粤剧名伶的踪迹，追溯到历届民间艺术行业会馆的兴旺情景。老百姓自娱自乐结伴组队的粤剧“私伙局”（图7－2），仅西关就有50多个。他们自拉自唱、经常活跃在大街小巷。参加成员有从3岁的“小红豆”到80岁的老者。常言：“凡有井饮水处，皆能歌柳词。”在西关，“凡有粤语，则伴粤曲”。

图7－2　私伙局

（2）一个粤剧人文渊源深厚的街区。

八和会馆（图7－3）本身的生存状态说明，要世代传承民间历史文化，必须维护一定的社会生态环境，这跟自然生态环境破坏会导致生物物种绝灭的道理一样。会馆，表面看来仅仅是100多年来粤剧艺人的行会组织，其实反映了粤剧文化的生存发展史。八和会馆的前身为琼花会馆。清咸丰年间，因佛山粤剧艺人李文茂参加太平天国起义而被清政府夷为平地，粤剧艺人连遭杀害。至同治年间粤剧也未能彻底翻身。约150年前，会馆组织转移到广州黄沙，几经周折，才得以恢复正常的演出活动。20世纪30年代后期，八和会馆被日军炸毁。1945年抗战胜利后在恩宁路安下新家。恩宁路骑楼街区与粤剧结下不解之缘："人"字拆开即为"八"，"八和"即为"人和"。

图7－3　八和会馆街景

有了一个承载民间非物质文化遗产的历史街区，民间文化艺术才免遭瓦解的命运。

（3）一个具有鲜活地方特色的社区。

与其他街区相比，恩宁路是具有粤剧文化传统的社区。社区即具有某种共同利益、价值观念、审美追求，一定规模的社会人群，在具有某种天然或人工边界，约定俗成、可感知到的、一定特质范围的区域，而形成特有的人类活动空间。恩宁路就是一个还活着的、十分兴旺的特别社区。行政区划上恩宁路虽然是5个街道组织的边界，但它的前后左右、东南西北都曾是各种民间表演艺术团体驻扎和活动的地方，表现出同宗同族文化均质的特质。

（4）一块岭南名人名士咸集的热土。

恩宁路及其附近"乃岭南文化精英集中之地"（历史地理学家曾昭璇语）。除了有中国铁路之父詹天佑故居、功夫影星李小龙祖居、李文田探花第书轩泰华楼外，更多的还是民间戏剧界名人故居，如著名编剧家冯志芬、陈冠卿、何建青，舞美设计家洪三和、何碧溪，粤乐家黄不灭、崔蔚林，以及著名粤剧表演家千里驹、薛觉先、马师曾、白驹荣、曾三多、靓少佳、红线女、罗品超、吕玉郎、楚岫云、罗家宝、林小群，都曾住在这一带。地方文化哲人和众多名伶的汇聚，形成了一个地区文化的"核"。

（5）一艘情系四海的艺术会馆"航母"。

粤剧源于珠江三角洲，流行于广东、广西大部分地区以及香港、澳门等地。20 世纪二三十年代真正成熟，发展壮大在黄沙及恩宁路一带。八和会馆在世界各地都有分会。凡有华人的地方，只要有粤语的地方，就有“八和会馆”的存在。香港、美国、加拿大、新加坡、马来西亚、澳大利亚等地均设有八和会馆分馆，并都尊恩宁路的八和会馆为“祖”或“母会”，期望合力振兴粤剧。

2. 恩宁路骑楼街的区位效应

“民间非物质文化需要一定地域性的历史背景和物质性的滋生环境以及特定的时空演绎舞台。非物质文化遗产是每个民族古老的生命记忆和活态基因，是确定文化特性，激发人类创造力的重要因素。”（非物质文化遗产保护国际宣言，即《成都宣言》）探索恩宁路骑楼街的历史文化背景、社会经济基础以及区位优势，我们就可以合理预测其产业结构及发展前景。

文化产业的构成公式可以这样表达：

非物质文化遗产	+	物质载体	+	保护传播需要	=	文化产业
社会 生活 价值		环境氛围		旅游文化本质		产业文化

恩宁路骑楼街民间文化产业组群可从以下四个主要方面孵化出来：

①粤剧名伶故居：组构各种相关的陈列馆、博物馆——艺术博览业；

②传统粤曲社团：组构表演、街舞、培训教辅场馆——培训演出业；

③古民居等建筑：组构南粤民俗风情体验家居旅馆——出租旅店业；

④民间手工艺品：组构旅游艺术纪念商品特色商店——商品服务业。

以上文化产业设施在空间上可谓点状分布，串联成线，叠合成面，共同组成繁荣的网络体系。尤其是第四者可谓实实在在的一条线状商业服务街。它们共同构成一处完整的、具有岭南文化特色的旅游区（图 7－4）。上述四种业态基本上都属于旅游业这个文化层次，但它们还可以与其上游各种产业（如制造业、艺术创作），与下游各种产业（如电影电视业、IT 产业）组成更广泛、更深长的产业链，形成姊妹

艺术产业和配套服务产业，从而吸纳更多的居民就业。

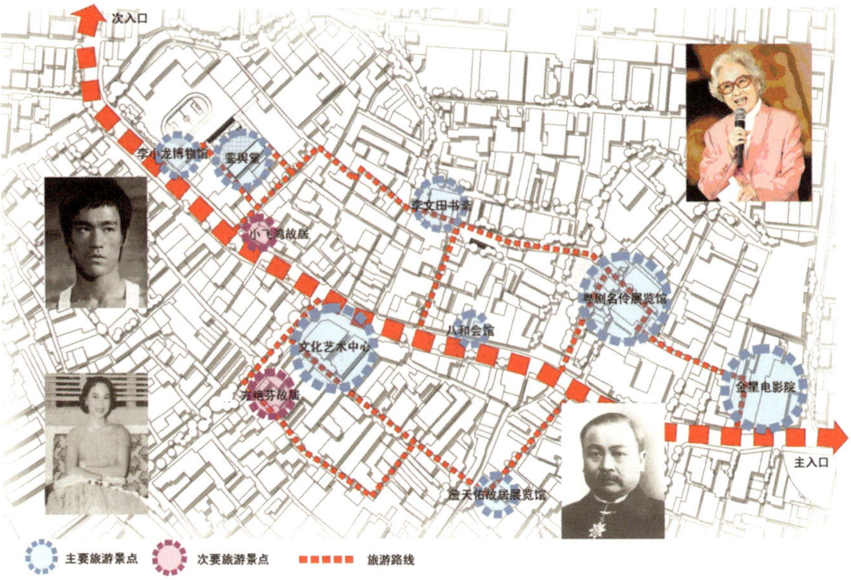

图 7－4　骑楼名人街游览路线图

具体归纳恩宁路骑楼街区文化产业的区位效应可有如下五个方面：

（1）“整合效应”。

恩宁路虽是原黄沙街、多宝街、昌华街、宝华街、清平街等行政街道辖区的边界，但本身具有极其完整的骑楼街面形象，是为各街道的展示窗口（图 7－5）。各个街道突出的活动项目都习惯于拿到这一带展演、比拼、交流与传播。恩宁路两侧具有统一均质的街坊，聚集了众多文物景点，交叉联络、互含互补，影响面广、信息量多、互促互动，对开展旅游活动很有好处。

图 7－5　恩宁路街道风貌

（2）“借光效应”。

当前，恩宁路与上下九路、第十甫路骑楼商业街繁华的商业气息构成了鲜明的反差，游客往往到了第十甫路就止步不前，恩宁路即使再模仿前者也无济于事。因为上下九路近2 000米的购物商业长廊早已使游客疲惫不堪，这时需要的不是继续购物打“疲劳战”，需要的是静态的、具有休闲调剂功能的场所和环境。恩宁路若做同样的商贸街将处在“上下九”的“阴影”之下，陷于被动局面。若高举文化产业大旗，上下九商业中心倒成了恩宁路的主要客源市场。“大树底下好乘凉”，“阴影效应”转换成了“借光效应”。

（3）“补充效应”。

将恩宁路规划为文化街，提供静态的、轻松的休憩环境，有小吃、酣饮、浅酌的曲艺场馆，有调人品味、大饱眼福的戏剧、武术、民乐、木偶等欣赏空间，则会吸引众多游客到此一停（图7－6，图7－7）。恩宁路对“上下九”充分发挥了自己的“补充效应”，从而获得某种商业上的“溢出效应”，实现了双赢。

图7－6　家居旅馆院落

图7－7　泰华楼文物观览建筑

（4）“走廊效应”。

广州发展战略之一：西联近在咫尺的佛山市，使西部地段进一步得到开发、繁荣。恩宁路西部是西关荔湾湖公园。这个曾有过“皇家园林”、“行商名园”的历史地段现为区级文化游览区。“一条扁担挑起两只框”。西公园、东商圈，处在中间走廊地带的恩宁路文化产业街，一定有生意可做。因“走廊效应”或“哑铃效应”而获利。

（5）“名酒效应”。

艺术总是人们追求的对象。富人与穷人都各有所求。老外就喜欢欣赏原汁原味、土生土长的中国老百姓的民间戏剧艺术，只是我们在自贱自己的历史文化。“酒香不怕巷子深”，“名酒效应”就是运用广州粤剧艺术的名人效应、品牌效应、历史效应、民族效应，吸引四方来客，使恩宁路的文化产业兴旺发达起来。

3. 恩宁路骑楼街的幽雅之美

传统街道几乎都有自己固有的适量的专业功能。专业街往往就是特产街、特色街、品牌街，具有足够的生命适应力。从不同角度来透视我们所要保护的恩宁路骑楼街，可采取上述理念，用类似手法，构建特色文化产业，整合成完美的形象。

施恩栽艺，宁静致远。平民化的社区特质，应定为主格调。整改观演建筑，创建民间剧场——20 世纪的室内剧场、电影院（如金声电影院）等历史建筑及其周边环境注入民间生活活力，同时将其他建筑改建为演出场所，扩大观赏游憩活动空间，自发形成一个个地方性的、大众化的文化艺术演出中心，可以达到保护、利用、发扬民间文化艺术的效果（图 7－8），也可形成长街一个节点高潮，实现韵律之美。如果将这些骑楼文化建筑拆掉，则为西关之大不幸。

营销民间手工艺术文化商品一条街（图 7－9）。城市设计需要配备具有创造性的设计思想和图样。骑楼专业街平、立、剖面图，要体现出成熟的建筑物理学构造特征、旅游空间形态特征。有地方韵味的骑楼立面图，可表现出生动的特色店面形象。广州骑楼适应岭南气候特征的建筑文化艺术和技术，应在 21 世纪继续发挥作用。实现旅游业的“张扬性和招徕性”，骑楼街具有很好的表现力。

图 7－8　骑楼式文博建筑

图 7－9　骑楼街区

（二）近现代的高层建筑骑楼

历史上高层建筑应用骑楼的成功范例当属哥特式的广州爱群大

厦。该楼十五层，因大胆运用先进材料和技术，钢筋水泥使骑楼建筑增大了跳出长度、柱距跨度、承载力，性能更稳定，屋顶也可从过去的斜坡屋顶变为平顶，于是高层骑楼建筑应运而生。高64米、15层、建筑面积1.14万平方米，采用美国摩天式风格的爱群大厦“全楼结构，悉用钢架，系向德商西门子厂订制”，是广州民国直至新中国成立初期最高的高层骑楼，被誉为“南中国之冠”。

该楼成功地解决了地形复杂、街巷复杂、用地局促等多种难题，至今深受好评。爱群大厦南边为沿江西路、北边为长堤大马路向西的交角地带，由于采用骑楼艺术的设计手法，非常成功地处理了南对珠江、西对沿江马路、北对内街道的景观环境效应与人车交通等问题。广州类似地段很多，有如爱群大厦者不多也。

澳门弹丸之地，土地私有制下的黑沙环社区高层建筑不少。然而因少建裙房、四周广设骑楼、路网四至拉通，运行一切正常。骑楼空间要素，在高层林立的地方发挥了综合性的作用（图7－10）。内地的高层建筑设计硬性地将整个地块塞得满满的，不知有人好好地比较研究过这个问题没有？

图7－10　澳门高层骑楼建筑

内地的城市常常发生堵车的现象，土地公有制下似乎已经令人麻木了。其实最重要的一个原因是我们的建筑设计、城市规划对城市公共空间的利益考虑太少。除了每600～800米拉一条次道，高楼间的地块全部填满。建筑塞不满，也要用围墙、用铁丝网围死。这种画地为牢的规划设计，居民哪有幸福感可言？

当代高层建筑多用玻璃幕墙，耗能的问题非常严重。没有电梯不能上下，没有空调无法呼吸，不开窗无法眺望，没有灯光无法照明，火灾时只能靠自救，高度快速变化令身体不适……看起来伟哉壮哉，实则于广大民众生活无多大意义。

（三）综合性的大型商业骑楼

新形势之下，单从建筑个体评论，人类日益趋向理性。只有少数业主或建筑师，以个人名义，运用少量资金，在小型私人建筑创作中，玩弄某些滑稽的恶作剧，将建筑建造得幽默古怪，令人啼笑皆非。这作为生活中的一种趣味“调节剂”，亦无不可。然而在中国，常常丧失理智的不是私人项目，而是国家级的大型公共建筑。规划与方案的失误，定会造成巨额社会财富的浪费。历史上的骑楼，大多由私人投资兴建，故极少出现不理智现象。当代骑楼建筑呈现一些标新立异的东西，各自为政，骑楼之间缺乏有机联系，没有将孤立的商业大厦连成连续骑楼街（图7－11）。

图7－11　不连续的骑楼商场

过去类似的大型骑楼公共建筑有广州人民南路的新亚酒店、新华大酒店、南方大厦等。广州中山四、五路骑楼街被毁后，有关部门鼓励商家再建时采用骑楼建筑形式。因投资规模远非近代可比，纵向延伸的竹筒屋完全被抛弃；大开间、高楼层，横跨街坊、沿街开铺的大商厦则为首选（图7－12）。但有些位于中山大道——这条历史大街上的骑楼大商铺，其形象风格总令人觉得少了些什么。骑楼大商厦能否照顾周边的文物古迹？应不应该剥夺文物建筑原有外部空间及其园林绿化环境？

图7－12　中山大道边的骑楼

宽敞的骑楼空间、宽敞的大通间店铺、电动扶梯连接楼层的室内设计，极力迎合了时尚。已落成的中旅大厦，献出了部分骑楼空间，且骑楼空间防卫意识远大于服务、经营意识，仅如此，其得到的回报却不可计及。不采用骑楼要素的案例是广园好又多商场。那么好的地段，大厦周边没有一间骑楼商铺。尤其是东立面、北立面，面对主要街面顾客来路，却设置了两堵20多米高的实墙。在此搭棚经营的商户和顾客真没有少受日晒雨淋之苦。

（四）艺术性的文体建筑骑楼

骑楼用在观览建筑上的实例有近代或现代早期的广州中山五路永汉剧场、海珠区的江南大戏院、长堤的四大影剧院，台山市的人民电影院、开平市的赤坎电影院，等等（图7－13）。骑楼历史街区原有观览建筑规模虽不是很大，但在当时还是属于大型性高标准的，有的剧场如平安大戏院楼上楼下好几层，对建筑设计颇有挑战性，至今也不落后。我国的观览建筑应该发扬骑楼艺术，为观众提供丰富多彩的室内外空间艺术环境。

图7－13　艺术性的文体建筑骑楼

为骑楼街区服务的各种骑楼式文化观览建筑，与西关大屋地区零距离的恩宁路就有金声电影院、美华影剧院等，上下九平安大戏院也是近距离的骑楼式观览建筑。广州全西关骑楼的文化设施就更多更大了，如金殿电影院、中山电影院、长寿电影院，以及新新影剧院等都在骑楼街区，都能很好地满足社区群众各种文化需要。越秀区的长堤电影院、广州电影院、北京路光明电影院，海珠区的江南大戏院、中山路新华电影院等都是老百姓喜闻乐见的地方。发挥老一代文化影剧院骑楼建筑的当代功能、展示传统观览建筑的悠久历史和空间艺术，是城市的魅力所在、文化精神所在、品位升级所在。向先辈骑楼建筑师学习，在新的城市建设中，为大众设计出更优秀的骑楼观览建筑，是建筑师应尽的责任。

世博会广东馆（图7－14）外观设计紧紧围绕“城市，让生活更美好”和“窗口——广东神话”的展示主题，运用骑楼建筑模式设计展馆十分成功，着实让“剪纸骑楼”火爆一时。

图7－14　广东馆方案图

世博会广东馆的建筑语言以广东传统的骑楼为原型，在制作工艺上吸取潮汕传统剪纸的手法特征，将骑楼外表抽象成简繁结合的精致图案。广东馆外立面上部以骑楼建筑的图案为肌理，用金属薄片进行镂空，通过LED灯光的内部透射，光线从表皮金属间的缝隙渗透出来，形成晶莹剔透的效果，配合不断变幻的光线颜色，创造出独特的“剪纸骑楼”效果，粤风粤韵令人回味。该馆包括三大展区：“绿色生活”、“绿色城市”、“绿色神话”；三大亮点：以骑楼外观和骑楼街市浓缩“广东味道”，播放高科技5D动画电影、宣传绿色环保理念，“天涯共此时”互动场景。

体育建筑设计人员敢为人先传承骑楼艺术。广州自行车轮滑极限运动中心（图7－15）充分考虑了南方湿热多雨的特点，借鉴骑楼街的做法，在东西向设计了遮阴外廊南北向设计自然通风窗引导气流，便于服务工作的骑楼要素，也是一种节能措施。由此我们可以推断，其他大型公共建筑设施，如批发市场、购物中心、大型文化活动中心、大型交通枢纽站场、大型医疗活动基地、静态或动态的展览馆院等都可以运用广义的骑楼艺术进行辅助设计。

图 7－15　运用骑楼元素的体育建筑

（五）生产性的工业建筑骑楼

伴随社会进步而来的近代工业革命也在骑楼领域找到了自己的位置。骑楼式工业建筑也是当今可持续发展的建筑类型。广州五仙门电厂（图 7－16）是德国人设计建造的，在我国近代化、工业化进程中，占有一席之地。五仙门电厂结构依然完好，经过刷新外形墙面、转换使用功能，尤其保护了当时的骑楼外廊依然与沿江路相并列，为来往的行人避免车流冲击提供了一段安全适宜的空间。五仙门电厂保护运用的成功，为我们实施传承骑楼文化树立了一个榜样。

图 7－16　五仙门电厂

在昔日旧门牌为 51 号的龙津西路，有一家抗战胜利后开办的兴业机械厂，同样运用了临街骑楼建筑形式。这一时期我国民族工业有机会得到了一定程度的发展，私营制造业在西关发展起来，当时实属先进的事物。兴业机械厂是生产摩托车整机的工厂，根据规模及工艺流程，将多个生产车间组合设计成多层工业厂房样式。外立面只需稍加线脚，就能与整条骑楼街的风格保持一致，且天衣无缝。摄于 20 世纪 90 年代的兴业机械厂图片，突出显示的就是一栋坚实框架结构的骑楼

图 7－17　兴业机械厂

建筑（图 7－17），与整条街道的色彩、风格、形象特征及其功能运作十分协调。你也许不会想到，华南乃至全国其他地方，满地飞跑的摩托车就是在这样的骑楼工业建筑之中出产的。这也说明工业建筑与骑楼建筑并非你死我活、格格不入，两者是可以统一的。

不少颇具旅游价值的名镇，遍布特色鲜明的骑楼建筑。如因墟而镇、已有 350 多年的开平赤坎古镇，是魂牵海内外的侨乡特色文化、良性竞争的家族文化和水乡特产的饮食文化之物质载体。集中表现出来的骑楼建筑艺术景观，于 20 世纪前半叶就因其完整、可观赏性强、底蕴丰富、中西风格融合、独具特色而享誉岭南。几十年过去了，赤坎古镇一家工厂属骑楼式的工业建筑好不容易奇迹般地被保护了下来。为适应街道走向与风貌统一，厂家将辅助房屋做成骑楼样式临街布置，将生产车间做成排架结构的斜坡大空间与骑楼部分有机结合成一个整体。该车间至今还在使用（图 7－18）。

图 7－18　赤坎古镇某车间内部情景

进入工业化后期的工业建筑当然不局限在当年水平，而是以其现代化超乎上述骑楼。我们只是想说明，骑楼建筑艺术设计手法同样适应现代工业生产。尤其是产供销一体化的企业，更能发挥骑楼的功能。广州番禺某物贸中心就是一个实例，弧形的广场边缘就是一圈骑楼，很有曲线美感。震撼人心的工业建筑图景还可找到许多，因本书篇幅有限，这里不再赘述。

（六）现代化的交通建筑骑楼

厦门至深圳的铁路漳州火车南站（图 7－19）站房工程已开始施

工，规划总建筑面积3万平方米、投资3.44亿元，采用三层式上进下出流线，站房积极借鉴闽南骑楼建筑的功能形态。竣工后的漳州火车南站不但是现代化交通建筑，而且保持了浓郁的地方民族风格。骑楼要素的运用，使站台具有亲近旅客的和颜悦色、高尚的气质和流畅的空间，为客人提供贴心的服务。适宜骑楼模式的工作场所，无论是售票、购物、等候、进站、出站、打的等活动，都能得到顺利的安排。

图7-19　漳州火车南站方案图

骑楼建筑楼“骑”人行通道的机理，可发展到楼层“骑”部分车道、“骑”部分服务用房，使人类活动得到更多的庇护和舒适度。火车站不但人流物流量大，而且还有流线方向多、路线数量多、流动物资复杂的特点。骑楼的综合组织，可以给乘客行为、心理以有序、镇静、明确的引导与人文关怀。同理，在汽车站、码头等交通枢纽设施建筑，更应该引进骑楼的造型艺术、行为艺术、服务艺术、庇护功能和开放意识，体现进步的人性化的精神。

广州火车站是我国南方最为复杂的一个客运站，强烈的太阳紫外线和突如其来的阵雨常常令成千上万的旅客狼狈不堪。在这个近代中国骑楼几乎遍布全市的亚热带城市，能否发挥更多“骑楼的关怀”？如果站前广场地下全都掏空，露天地面还有必要全部铺满硬质混凝土吗？我们的设计思维为什么非要排斥骑楼艺术手法呢？

骑楼在交通建筑领域，能占有一席之地，我们为之叫好。

（七）居住小区的微型骑楼街

骑楼用于居住建筑具有大量性、全民性、生活性、全天候性特质。根据区位环境不同，可分如下几种情况处理：

（1）如果位居闹市区，让开放性的商业在外，安静的生活处内。

骑楼成为居住建筑的重要组成部分，外向的繁华街面贸易活动与内向的封闭市井生活各自成型、有机互补、完美结合。迎街一面骑楼

下让人自由通行，适合南方地区避雨遮阳之需，而骑楼上作商务写字楼或货栈，对开展商贸活动也十分必要。骑楼建筑的背后是内街，民宅大门一般开向内街内巷，内街、内院成为居民交往的公共空间（图 7－20），熟人熟事充满浓郁的人情味。这种内外有别、空间层次多样的表现是：外街——沿街骑楼复合空间——内院——居住组团——住宅，正好构成从公共开放空间——半公共空间——半私密空间——私密空间的次序。如是大大适应了市民日常生活的丰富性和空间使用功能的多样性。

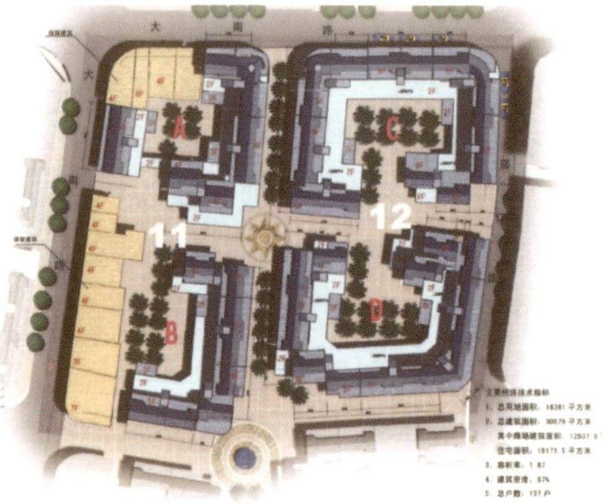

图 7－20　骑楼街在外，居住区在内

（2）如果位居清静区，小区内聚性的生活景象是主要的。

人们的生活节奏和工作模式需要清静，这种性质的小区骑楼商业街多对专类型居民开展生活服务为主。于靠近主出入口地段构筑微型骑楼街，每天有时间段地形成营业小高潮。

（3）居住区的骑楼性空间，不一定都用来经商，还可以有其他用途。

疗养、散步、学习、训练、娱乐、弈棋、打牌、晾物品等，都可以在骑楼下的空间愉快地进行。图 7－21 为岭南馀荫山房附近新建的居住小区。

（4）说是小区，实则大型居住社区，这里的骑楼包罗万象。

图 7－21　多功能性的骑楼空间

图 7－22　高层居住区骑楼街

图 7－22 是佛山某高层社区，大环境有旅游项目。虽说城市干道不适宜街上人口闲逛，估计最后也不至于丧失人流。

（八）双层骑楼街与空中骑楼

双层骑楼是在 20 世纪香港、广州因骑楼大规模改造，采取应对方略时所创立的骑楼发展模式。香港在 20 世纪后半叶已经实践完毕，并获得显著效果。广州在 20 世纪 90 年代因大肆拆毁解放路骑楼街，造成长期断壁残垣而得不到修复，规划部门提出过双层骑楼的宏伟方案，但至今尚未实施。

空中骑楼是建立在高层、超高层大型综合社区的一种具有商业服务性功能、有顶盖的高空天桥或高空走廊。针对那些高大楼房社区的城市空间因尺度较大、交通车辆复杂，空气、声响、行为等环境恶劣，并为克服许多类似环境造成的城市病，香港提出了空中骑楼的概念，并很快加以论证和施工。

1. 双层骑楼建筑

广州解放路的重要骑楼大街被铲平后，不少学者、设计人员针对其遗址，曾发文论证创建双层骑楼大街，并提出了许多先进而详细的节点规划方案。人们不但可以继续在地面逛骑楼，还可在大街两侧建筑物的二层楼上连续地逛骑楼，通过横向天桥还可以方便地横过大马路，进到另一街面第二层楼的骑楼中。地面、楼面的特殊地段设置人行传送带代步。规划人员的蓝图，着实喜煞了不少人！可惜这些成果不知何时能够实施。

泉州保留了一条 2 500 米长的骑楼大街。有学者对车流阻隔新建骑楼街、影响人类活动的问题，创造性地提出“骑楼上楼”、限时街道步行化交通管制的设计方案。希望这一方案能促进该市进一步做好骑楼保护发展工作。早年香港已有两层骑楼分布的街道，那是保护固有骑楼、利用既有骑楼、补充创设二层骑楼连接体、隔离体的成果。近年又出现空中骑楼联系高楼群的做法，都可资借鉴。

2. 空中骑楼建筑

在香港中环商业区，如中环的置地广场、太子大厦及国际金融中心，因城市地面交通复杂、行人安全得不到保障，且室外逛街舒适度不高，商厦之间便捷性较差。为克服上述问题及人车矛盾，于是出现了一种具有现代都市特色的多功能空间城市廊道，即有着传统岭南骑楼诸多功能特点，又适应高度复合性城市商业、交通空间而以立体的多层次模式出现的空中骑楼（图7－23，图7－24）。这种空中骑楼具有如下特点：

①都有上盖，以防雨遮晒；

②都采用架空处理，跨越街道的采用桥廊式，建筑相连的则采用旁廊式，就像空中骑楼；

③连接两个商业广场间较短距离的桥廊多采用全封闭围合，为了便于采光和观景，两旁多采用透明玻璃；

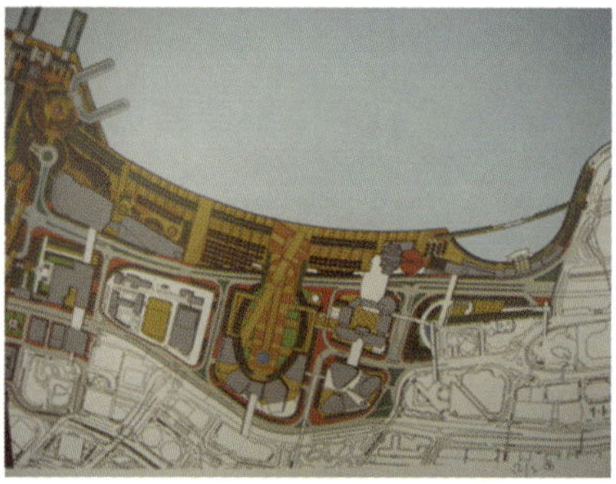

图7－23　中环填海区规划图

（粗白线为跨越街道的“空中骑楼”）

图7－24　空中骑楼街道

④有垂直电梯、扶梯联系上下空间，架空骑楼在商业建筑室内的交汇处，上下接驳方便；

⑤多功能、多空间的现代商业广场，是多条空中骑楼交汇的大节点，里面集购物、饮食、休憩、交通等功能为一体，架空骑楼在商业建筑室内的交汇处，旁边设有小型咖啡店；

⑥这种廊式空间体现出城市规划中的高度整体性和系统性，以立体网络连接城市地上地下各交通枢纽、商业购物广场、街坊等城市复合空间。

骑楼这一传统建筑要素不仅带给今天一种“形”的借鉴，也带给我们一种人文精神。城市是一种场所——赋予市民生存的空间权利，并提供公众文明生活方式的空间环境，而城市设计就是要对既有的城市社会空间秩序进行梳理、补充和矫正。从香港现代商业建筑空中骑楼的设计中，我们应该可以感受到这一点。不过，香港空中骑楼偏重某种“天桥”特质，是不得已而为之的一种“高档品”，内地中小城市不宜当做追求的目标。

八、大写辉煌

——骑楼文化的传承创新

建筑是连续的、永恒的、广阔的文化现象。认识骑楼建筑的人文价值、关注骑楼历史街区的保护规划、学会运用有关骑楼建筑的规章制度和法律法规，我们就能随时担当起保护骑楼历史文化遗产的职责，传承骑楼文化，弘扬骑楼文化，继续在广府大地上，写出又新又美的骑楼篇章，绘出又新又美的骑楼图画！

（一）骑楼建筑的人文价值

“广州最有特色的城市景观是骑楼，遭受最严重破坏的也是骑楼。”这是许许多多广州人的感言，也是对现实情景的无奈。

建筑是石头的史书，记载着一个个历史时代。哪里是与广州本土有关联的建筑？西关大屋、竹筒屋、骑楼。骑楼紧紧联系着广州的近代史，铭刻着一个清末、一个民国。

要问市民对城市建筑的感受吗？问卷调查显示，任何一栋超高层建筑都比不上人们对骑楼的钟爱。骑楼会从我们身边消失吗？不要把答案寄托于某个伟大人物，首先问问自己，如果您对骑楼还有不了的情结，骑楼艺术将永远不会离我们而去。

广州媒体关于骑楼建筑发展的采访、评论、报道一波接一波，成为一个永不完结的课题。同样的心情凝聚成同一个理念，同一个理念却常谈常新。下面拟摘引多家成果，加以评述。

1. 骑楼的30年厄运

从近期的各种网页上，不难见到一波又一波关于保护骑楼、发展骑楼、利用骑楼的呼声。破坏骑楼历史街区的恶性事件，构成一部广州骑楼厄运史。有识之士越是要求规划保护，公权力就越是要搞大拆大建。下面摘取部分网友资料，以证实情。

自中华人民共和国成立后至20世纪70年代末，广州城市建设发展速度较慢，城市基本维持旧有格局，商业受到严重制约，骑楼建设大大减少。这一时期建设的骑楼街主要有越华路和豪贤路。这个时期的骑楼建筑在体量、风格和街道功能方面都与20世纪20至40年代的骑楼街有明显差异：沿街建筑多为住宅，首层为商店，商业功能较弱，服务范围仅限于街坊；建筑多为7～9层（总高22～30米），街道空间更为狭窄压抑；建筑保留了骑楼的形式，但以现代主义建筑风格取代了传统骑楼的“洋式店面”；立面基本无装饰，沿街建筑整齐划一，街道景观比较单一。

20世纪80年代始，广州市经济迅猛发展，城市不断扩张，交通量大大增加，老城区面临着大规模的旧城改造和基础设施改造。这一时期广州基本没有兴建新的完整的骑楼街，而是在一些原有骑楼街区更新改造过程中拆除旧骑楼，建设新骑楼。但由于不是整条街道实施整体改造，在一些路段形成了新老骑楼交错并列的景象，如万福路、大南路、龙津路、长堤大马路等。

20世纪90年代，老城区道路的拓宽改造又对一些骑楼街造成了破坏，如人民路高架桥的建设对人民中路、人民南路骑楼街风貌的影响；解放路、中山路拓宽和人民桥因内环路的建设而拆除了解放路、中山五路、中山六路、六二三路和洪福路的传统骑楼街。毁掉了骑楼，也毁了老广州人的心。

从20世纪90年代起，广州骑楼开始遭受到更大厄运——拆迁。90年代初，广州沿中山路修建地铁一号线，引入开发商发展物业，莫名其妙地将地面上的骑楼视为地下铁路建设的障碍，骑楼开始被大规模地拆毁。典型事件是六二三路、中山路、人民路、解放路等高质量的连排骑楼街的拆除和破坏，让广大市民敢怒而不敢言。直到今天，广州的重点骑楼街也还没有恢复元气，甚至是一面在规划保护，一面在继续破坏。

20世纪90年代末期，广州骑楼作为岭南建筑文化特色受到关注，保护骑楼的呼声开始响起。1998年6月12日通过的《广州历史文化名城保护条例》提出：“在名城内，文物古迹比较集中的区域，或比

较完整地体现某一历史时期传统风貌或民族地方特色的街区、建筑群、镇、村寨、风景名胜，应当划定为历史文化保护区。”2000 年 12 月 13 日，广州市人民政府颁布的《关于公布广州市第一批历史文化保护区的通知》，将广州市荔湾区上下九路至第十甫路骑楼街列入广州市第一批历史文化保护区名单。

2001 年广州市城市总体规划指明要“加强历史旧城区传统城市风貌格局、西关大屋、沙面及特色骑楼街的保护。划定历史文化保护区、历史风貌保护区及缓冲区，针对不同情况分别提出保护对策”。

2002 年，《广州市骑楼街保护与开发规划》将广州市现存骑楼划分为三大片区，即广州市骑楼街保护和开发的总体格局：以“人民南路—长堤”一带市级商业中心为核心的骑楼风貌区；以“第十甫路—上下九路”一带市级商业中心为核心的西片骑楼街区；以“北京路—中山路”一带市级商业中心为核心的东片骑楼街区。然后分为核心保护段、重点改造段、风貌协调段及建设开发段 4 种类型，不同类型将采取不同的保护、改造方针和措施，最后达到保护、维修、改造、利用整个骑楼历史街区的目的。

2005 年的《广州市历史文化名城保护规划》明确规定，对“具有南方建筑特色的骑楼建筑街，城市规划予以保护，改建时应按骑楼建设”。《广州市城市规划审批技术标准与准则》第 7 节对各种骑楼建筑的保护、更新、改造和新建也作出了明确规定。广州市区内现存的骑楼街已减少到 36 条，长度 20 多千米，集中分布在老街区约 10 平方千米的范围内，如荔湾区的人民路、上下九路、第十甫路、恩宁路、龙津路、西堤；东山区的文明路、德政路、豪贤路、文德路、东华东路和东华西路；越秀区的北京路、大南路、一德路、起义路、海珠路等。此外，海珠区的同福路、南华东路、南华中路、南华西路也有一部分像样的骑楼。

奇怪的是，如果以上只是某些学者和一般老百姓的声音，咱们一点都不听也则罢。但上述言论都是摘自官方红头文件，应该说是具有法律效力的。为什么法定要求效果不明显？怀疑文件本身的科学性、正确性完全没有必要。这些文件都符合历届国际宪章精神。问题的实质在于现有制度无法保证法规的执行。“法”，特别是带专业技术性的所谓第六等级的“法规”，往往是不会被公权力放在眼里的。个别人还可以说：“我一个电话、一张纸条，就可压倒你的十部《规划》。”

2. 骑楼的现状分析

广州骑楼历经七八十年，在结构寿命上虽垂垂老矣，但还不至于寿终正寝。如果保护得当，木结构房屋尚能年逾千年，何况有些还是钢混结构的骑楼建筑。那么，骑楼建筑大规模地死亡的原因到底是什么？这既有客观原因，又有主观原因。归根结底还是主观原因造成的，是一部分人违背大多数人意愿，实行错误的政策造成的。

（1）骑楼的社会性危机。

经济发展与拆毁骑楼之间并没有本质的必然联系。不管经济发展多快，也不管经济采取什么样的形式发展，这与保护历史建筑、保护历史街区、保护人类文化遗产，都不应该构成你死我活的对立关系。问题关键在于人的思维模式的绝对化：长期的不破不立、大破大立的革命化思想，一元化、过度集中的决策权，权力缺乏制约等造成的后果。政府常拿发展经济来搪塞破坏骑楼历史街区的错误行为。但经济因素不是主要的，执政思想方法才是主要的。骑楼的社会性危机就源于此。

主观原因的另一个方面，是美学思想出了偏差：以为旧的就是落后的、旧的就是不美的。这种想法在建筑设计领域，往往是很错误的。只因为旧了，就成了眼中钉，横竖看不惯，必置之死地而后快。另外其中再夹带一些政治色彩，更会对历史建筑形成一股强大的破坏力量。

骑楼建筑不好使用，故将其拆毁；为了城市发展，应将其拆毁；为了发展经济，应将其拆毁……许多貌似有理的说法只不过是些荒谬的借口。这些借口显然是站不住脚的。片面、浮躁、短视、急功近利、投机取巧，往往就是这些错误做法的动机表现，尽管给人冠冕堂皇的感觉。

李敏、刘云亚等人在《广州骑楼街的保护与发展》中有这样的论述：调查说明保护或发展骑楼街的社会学意义是大于实际意义的。这就提示人们，保护、改造与建设骑楼街的工作应当首先满足提升其在社会和文化方面价值的要求。同时，改革骑楼柱廊内外的环境质量和拓展骑楼街的实用功能，是传统骑楼街能够适宜当代人的生活方式要求，实现可持续发展的基本要点。

只要有正确的历史文化观念，科学地、乐观地看待如下几个问题，

我们就能发现骑楼的保护、发展条件是积极的，不是消极的。李敏、刘云亚二位就坚信能使所碰到的一些问题迎刃而解。

第一，骑楼商业经营模式的丧失。

骑楼街的商业模式原本就以小规模的店铺为主。骑楼的存在就是记载这段历史。不过当时也有少量大型集团化的经营方式是在骑楼里进行的。现在要实行全天候的，能满足购物、饮食、休闲、娱乐等多种需要的综合服务，与运用骑楼建筑艺术并不构成绝对的矛盾。何况绝大多数人的生活还是与街道式的商业活动紧密相连的。个体户的经营模式在中国还处在刚刚恢复、艰难发展的阶段，正需要社会提供越来越多像骑楼那样适宜个体户创业的商业空间。如果眼睛不盯住社会上的大多数人群，那对骑楼建筑就会熟视无睹，甚至视为眼中钉，必欲拆毁为快。再说传统骑楼、骑楼街通过有效更新改造，也能很好地适应各种形式的商业活动。一切事物都有大中小之级别，但彼此可以相辅相成，正如花不独美，叶不难看，世界才能和谐存在下去。一刀切、一边倒的处理手法，并不能妥善地解决问题。君不见每一个大型商场的外围都会存在一条合法或不合法的商业街。顺其自然，主客互利友善，有何不好？有人却处心积虑驱散之、剿灭之，真令人费解！总之，骑楼有生存保护的理由，更有传承发展的理由。

第二，骑楼与道路拓宽方式的冲突。

李颖女士讲，广州旧城区的骑楼街所在道路面宽较窄，一般在11～20米之间，难以适应日益增加的交通需求。为了保持中心城区的繁荣，广州市投入巨资进行地铁一、二号线建设，这本是有利于保护骑楼街区的好事，原理上大可减少骑楼街的交通负担、降低骑楼街道的交通等级，从而改善其商业环境，有利于骑楼街的复兴与繁荣。然而事实上却造成了广州一条主要东西向骑楼街——中山路的严重破坏（图8－1）。这不是没钱，不是没有技术，不是没有施工条件，而是少数官员缺乏文化，缺乏深入的思考，缺乏历史文化保护意识！另外，早期高架路建设——某些人心目中的现代化交通体系，花了很多钱，不但交通疏导效果不佳，反而造成以人民路为首的若干条骑楼街交通、商业、生活环境严重恶化（图8－2）。一条南北向主要骑楼街就这样长期在污染的环境中苟延残喘。老城区每新开辟一个路段，不可避免地要影响或打破老城区的肌理结构，从而影响传统骑楼街的生存环境，甚至威胁到某些骑楼街的存亡。国际宪章指出，城市干道开进历史街区，历史街区就会在那里消亡。

图 8－1　残存的中山路老骑楼

图 8－2　高架路恶化了人民路环境

第三，骑楼害怕大拆大建的思想方法。

近年来，许多城市把对城市历史文化的保护作为体现城市特色、发展旅游业的重要举措。这是具有长远眼光的官员的英明决断。如果广州有这样的施政决策，骑楼之城的 59 条街、40 多千米长的骑楼建筑群及本身所兼有的历史意义和商业购物功能，将会在这种英明的指导中，迎来前所未有的保护和发展机遇。可惜这种幸事并未发生。今后，骑楼的命运更令人担心。近期南华西骑楼街的大拆大建就是一个糟糕的例子。

大拆大建只能赚一次钱，但毁掉的是上百年的历史与文化。广州长期在老城区大拆大建，似乎非要把全城老建筑扒光才甘心。在这种错误思想的指导下，广州古城确实没多少历史建筑了。曾分布全城的骑楼历史街区，如果再不加以有效保护，确有消亡的危险。其实，要建高层大楼，老城外有近千平方千米的土地，何苦要折腾这仅 15 平方千米的老城区呢?

第四，骑楼本身难以得到质量上的改善。

我们不主张永远艰苦地生活下去。许多骑楼建筑的功能使用寿命并没有完结，结构寿命也远没有终止。这些骑楼完全可以帮助我们过上高尚、舒适、充满诗意的生活。说它们是危房，实质上多属大拆大建的借口。

有些骑楼因长年失修而处于危殆之势，这也是没有保护政策或保护政策不能落实的结果。老骑楼即使要维修、要重建，也应该按历史街区保护要求的体量、高度、材质、色调、密度、容积率等来进行，用不着大拆大建。历史建筑骑楼的存在价值，是其他新建建筑无法替代的。改善历史建筑的使用条件、居住条件、安全条件是完全办得到的。坚持保护骑楼的价值取向，就能使骑楼长期存在下去。

（2）骑楼的艰难性挽救。

骑楼是否能生存、发展？有一位教授曾总结了如下几点：

①城市规划和建筑法规对形成统一的骑楼风貌和特色有着极为重要的作用，万万不可忽视；

②建筑形式的生存条件，须看其是否能根植于当地社会、文化环境的土壤中，适应当地的地理气候等条件，受到当地民众的欢迎并被接受使用；

③建筑创作和艺术的创作可以借鉴各种形式，包括外来形式。建筑采用什么风格并不是最为本质的东西，很大程度上属于意识形态问题；

④一切艺术形式均会随时代的发展、科学技术的进步而变化。历史上的形式可供借鉴，但更重要的是在借鉴之后，能够创造出焕发时代气息的新的形式。

上述四大要点，道理确凿。但须知这只是建筑设计行业层面的义理、学理、法理所在。作为一个处在相同背景与平台前提下的建筑设计师，按如此这般进行操作运作，当得善果。然而，还有比这个层面更高的东西在支配事物的命运。这时，建筑设计人员所遵循的四大要点就显得不重要了，只能处在其他看不见的“潜规则”或“不是法规的法规”——不负责任、不受监督、不留字据、不懂专业的“行政权力”的下位。这是多么痛苦和悲哀的事情！

四大要点首先强调城市规划与建筑法规的重要性，但有了保护骑楼历史建筑的法规却得不到执行落实又怎么办？四大要点还强调建筑扎根环境的重要性，但决定骑楼生存的环境常常遭到公权力轻而易举的破坏又怎么办？四大要点认为，风格形式不重要，重要的是意识形态。而这意识形态往往是一种外在的力量，它的出发点不在保护历史文化这点上。四大要点之四说明，不是从优秀传统中“新”出来的东西，一定“新而不优”、“说新实旧”！历史街区中突然冒出的所谓“新形式”甚或是些怪胎，也许是早被人们检验过、证明是早被实践淘汰过了的东西。张良皋教授曾教导我们：“慎言创新。”这个十分动听的“新”字，很多时候并没有新意。

“保护骑楼规划刚获奖，骑楼已被拆除”——这是2009年11月南方都市报一篇新闻报道的标题。中国工程院院士何镜堂先生在刚刚获得2009年教育部优秀规划评选一等奖的《东莞可园（旧城区）历史片段更新改造》中提出，振华路、大西路等7条具有重要历史价值的骑楼街及其两侧建筑作为核心保护区，以保护复原为主，保留与此相结合的传统特色手工业、传统服务业以及花鸟市场等专业市场。可是当地政府借口再不发展，这一带就会变成“死城”，很快就将创传统骑楼街拆去了一半，大伤市民之心。这点不可再生的历史文化资源连院士做了规划也保不住！

针对骑楼的社会经济环境，我们该如何展望骑楼的未来？是保护发展，还是就此覆没？鲁迅先生在《记念刘和珍君》一文中曾叹息过：“沉默啊沉默，不在沉默中爆发，就在沉默中灭亡。”合理的东西不一定有善终。我们要让好的东西能够存活下去。规划师、建筑师和环境艺术设计师们到底还应该保持怎样的沉默？

3. 骑楼的人民情结

从上一节的分析看来，保护发展骑楼，只有工程技术层面的条件和建筑规范制度层面的条件是远远不够的，尚需要从核心价值层面认识问题或解决问题，还需要管理体制中的公权力者从基本常识开始改变立场和观念。广州需要骑楼，无论过去、现在或是将来。

（1）从地理学的角度看，骑楼是广州的符号印记。

广州地处北回归线以南，属于热带、亚热带气候，热量充足、降水丰富。夏天漫长、冬天不冷。雨季长达6个月，平均年降雨量1 900毫米，夏秋季节还有台风带来大量降雨。民国初期建成的大新公司、爱群大厦就开了高层骑楼建筑之先河。今天，广州高楼大厦林立，虽可互相遮挡，行人遮阳已经不那么重要，但高层建筑不能遮雨，行人还是需要骑楼。骑楼对于广州的意义，就像四合院对于北京、小洋楼对于上海一样，是城市的符号印记，而且这些符号仍然鲜活地存在于生活中。无论将来骑楼如何发展，传统骑楼留给广州市民和外来朋友的记忆都是深刻的。留住骑楼，就是留住广州记忆。

（2）从文化迁徙的角度看，骑楼凝结着下南洋的情结。

下南洋、闯关东、走西口，这几个词国人都很熟悉。其中，“下南洋”说的就是广东人去新加坡、马来西亚等东南亚国家谋生计的事。他们对南洋的社会和经济发展均作出了巨大贡献。他们很多人回乡后，又把南洋文化带了过来，俗称“过番”。南洋式骑楼就是可见的对城市文化发生直接影响的见证。我们看不惯，但在新加坡繁华热闹的商业街，所有华侨却喜闻乐见和广州极为相似的骑楼。早有岭南建筑大师说过，广州没有了骑楼，难道还要跑到新加坡去看那里的“牛车水”？

（3）从建筑设计的基本理念看，需要骑楼式的人情味。

广州市建筑学会理事长林兆璋先生表示，广州十三行时代就已有骑楼。广州骑楼的发展，在于从一个外国房屋外廊变成一个公共设计：外廊打通连成一条遮阳避雨的商业街。广州骑楼不留痕迹地把外国的东西跟传统结合起来，最后变成自己的。公共空间、人情味，这正是很多老广州对曾经的骑楼生活最深厚的感受。在高楼林立之中，保留乃至拥有更多的公共空间，给予人们更多的人情味，这也正是我们所期待的。希望骑楼能活在我们的当下，而不仅仅是过去。

（4）从“广东街”的文化传播看，需要保留骑楼精神。

当年广东人以骑楼为荣，将之推广到各地。骑楼建筑既可以遮风挡雨，让顾客倍感舒适，又拥有精致考究的店面，显示出店主与众客互信友善的关系。这种融入了西方元素的建筑，让当时的人们眼前一亮，成为时尚，并逐渐传播开去，成为广州的符号。骑楼连接起来的纵横长街，见证了广州灵活善变的城市精神，也见证了广州近代化进程中与亚洲乃至世界接轨的努力。上海、武汉等城市的“广东街”，同样也给人不尽的联想。

（5）从保护非物质文化遗产看，需要延续骑楼故事。

骑楼故事多，养在深闺少人识。近百年来，流传下来的非物质文化遗产特别需要保护。那碗香喷喷、热辣辣的萝卜牛杂，那间冰淇淋做到绝味又不愿开分店的冰室，还有种种闲逛中的惊喜，饱含故事的骑楼，都是一道道风景。走在连成一条长廊的骑楼里，从这家甜品店到那家服装店，从幽雅的咖啡屋到传统的老字号小吃，没有日晒、没有雨淋。单幢的骑楼一栋比一栋装饰得精美漂亮，使行走动态中的人来不及细看，只感受到流向远方的灯河，灿烂而没有尽头。骑楼的魅力正在于它的人文历史丰富多趣。

（6）从特色历史文化街区看，骑楼需要永远保留下去。

翻开一张老广州地图，或许你难以想象，在广州老城区约 15 平方千米的范围里，密密麻麻分布着 59 条骑楼街巷，总长达 40 多千米，这是全国少有的特色历史街区。以起义路和中山路为参考坐标轴，在这个规模宏大的骑楼分布图中，有蜚声海内外的百年老字号店，有广州最早的商贸区。骑楼两旁的幌子密密麻麻，大宗货栈、民生小店铺鳞次栉比，一派繁华商都的气象。现在，需要保留这些罕见的骑楼历史街区，振兴像致美斋、新以泰等老字号店。这是民生、民主的需要。

（7）从城市设计的基本理念来看，骑楼需要发展传承。

图 8－3　不建骑楼，苦了百姓

作为一种建筑形态，骑楼并未落后，只是建造水平需要进一步提升与更新。骑楼的本质是给人方便、给人舒适、给人热情，这样的设计理念是永远不会过时的。现在新的商业街没有骑楼，不知给人们带来了多少不便。图 8－3 是某大型超市迎街的一面，本应筑骑楼，却让一堵实心墙硬邦邦地拒绝顾客的接近。迫切需要骑楼营业的人们只好设置一些临时商棚艰难支撑度日。广场商业、购物中心应该吸收骑楼艺术要素，体现人性化设计。

学界林兆璋先生表示，虽然现在购物多在商场，但不搞骑楼，不好。奇怪的是，群众喜闻乐见的东西不搞，反而去搞广场。钱花了很多，但实际的效果有多少？人们跑到那里去干啥？卖傻！不是被烈日曝晒就是被暴雨追打，那是个没有人情味的地方。时代在发展，新骑楼需要新规划、新设计，对此须加以宣传。

（8）从尊重保障公民权出发，应保护骑楼文化遗产。

有学者认为，可由政府出台一个保护指导意见，如外立面怎么修葺，房屋内部怎么重新装修等。市民按照政府要求重新修葺骑楼街，还能得到若干奖励。这样一来，骑楼历史街区自然就会“重生”。留住市民的集体记忆，这也是建设首善之区的一个举措。如果我国历史文化街区能够得到保护的关键在此，那问题就太简单了。这最多只是一个方法层面上的问题，不是深层次上的问题。

骑楼是群众建造的，群众知道怎样修理才是保护了历史文化。具体修缮的规范、图则、条例，本来就应该是从群众中来、从实践中来的，何苦要那些行政官员“亲自”从事这些近似泥瓦匠的工作呢？关键是要有一个好的政策，如许可居民有保护历史居住建筑的权利，允许居民有投资历史文化遗产保护的权利，允许社会学术团体参与保护历史建筑、历史地段、历史文化街区的权利，允许公众参与表决保护历史街区的权利……不然，就是政府代庖，也不一定有好结果。比如上下九骑楼的翻新，粉黄粉红的，装上崭新木嵌彩色玻璃的旧款高窗户，叫人哑然不知所措。实与重现当年西关特色景观的愿望相违，吃力不讨好。

对于定义为广州骑楼历史街区的地方，保护规划要多听当地居民意见。骑楼街实际是竹筒屋的延伸，前面是骑楼店面，后面是竹筒屋的居民生活区，“只保留骑楼，保护骑楼街只是保护一张皮。因此，广州骑楼历史街区要保留整片的历史建筑”。

（二）骑楼建筑的保护规划

规划是龙头，没错。但再生动的龙头，也是纸糊成的。龙头怎么动起来，还要看舞龙头的人怎样舞？规划成果制订后，领导人认可程度有多少？准备执行的力度有多大？规划的有效生命周期把握得如何？半路上又会提出个什么口号？某个开发商突然变化了项目资金咋办？这些都是规划落实的可变因素。于是，多年来“规划”成为了“鬼话”。尽管如此，“保护规划”的经还得念下去，希望寻找一切机会加以实现。

2005 年《广州市历史文化名城保护规划》征询规划委员会意见，对广州市典型骑楼街拟分为四个职能区加以保护：

（1）越秀西南部骑楼街区。

由人民南路、大新路、海珠南路、一德路、靖海路、长堤大马路等组成，规划应保护现有骑楼格局，对缺失的路段进行等量填补，使其成为传统中轴线以西、珠江沿岸一带重要的文化、旅游、休闲娱乐区。

（2）西关龟板型交圈骑楼环。

由上九路、下九路、第十甫路、恩宁路、龙津西路、龙津东路、人民中路组成，规划应包括保护、改造、新建等方式，可能地补齐、完善西关骑楼环。

（3）名城中心地段骑楼街区。

由北京路、文明路、文德南路、万福路、大南路、泰康路、珠光路、德政南路等组成，规划在现有的基础上，继续对道路沿线非骑楼区段进行骑楼建设，保持骑楼街的完整性、连续性，控制高度，进一步完善北京路及其周边地区的商业配套设施。

（4）河南海珠西北骑楼区。

由南华西路、南华中路、洪德路、同福西路、同福中路、同福东路组成，规划重点保护其传统风貌，使之成为珠江南岸重要的风貌保护带，鼓励发展适合骑楼建筑特点的小规模零售业。

李颖、刘云亚曾对广州不同地段的骑楼提出过保护与发展方略（表 8－1）。这是一个带有普遍意义的研究成果，值得许多有骑楼街区的城市参考借鉴。

表 8－1　各类骑楼街保护与发展控制要点

	核心保护段	重点改造段	风貌协调段	建设开发段
对周边环境的控制	控制骑楼街入口处及周边的用地性质；控制道路中线两侧各 50 米范围内的建筑高度	无	无	无
对街道功能的控制	保持现有的商业中心功能并加以延续；街道两侧的工业、仓储应予以外迁；市政用地、办公用地应加以控制	保持街道原有的功能，街道原有的商业功能与商业专业门类应加以强化以突出其特点	保持现状街道功能特色，改造与建设应保持其生活性街道的功能，强化公共服务功能，突出其联系骑楼风貌区与城市重点旅游区的通道与桥梁作用	新建骑楼街选择在生活性道路上，要求建筑物首层的使用功能应是可以为市民出入的公共性场所，如商业、服务业、其他公共服务设施

（续上表）

	核心保护段	重点改造段	风貌协调段	建设开发段
对街道空间特质的控制	街道的宽度及断面形式必须按现状进行保护；道路的线型必须严加保护；街道骑楼的连续性必须加以保持；街道的轮廓线、街道空间的高宽比必须严格保护	道路断面、宽度应保持现状；道路的线型要加以保护；街道的高宽比必须保持并作为对新建建筑体量与高度的控制要素；街道的轮廓线要保持现有的韵律	保护街道现有重要的空间特征，沿街建筑的兴建与改建必须保持骑楼街形式；街道的高宽比应尽可能加以保护；道路的线型、断面可以根据需要进行适当的调整	骑楼街沿街建筑以现代建筑风格为主，建筑物与街道高宽比为0.6～0.8，整条街道应风格协调，裙楼高度、骑楼高度、柱距等要素应有整体控制
对现状建筑的控制	必须严格保护有历史价值的代表性建筑，不允许任何导致改变主体的新建、拆除或改动；对一般建筑应保持建筑物的使用功能与格局，原有的细部装饰、材料与色彩应保持原状；违章建筑和临时建筑须限期拆除；对受到破坏而使骑楼不能连续的地段，应恢复骑楼形式	保护现状较有特色的骑楼建筑；对现有建筑的立面的改动必须加以管理；以现状街道风貌为基调，对立面设计较差的现代建筑重新整饰；违章建筑与临时搭建应予清理，街道应保持连续的骑楼街形式；对缺失路段通过改造或加建予以补齐	保护现状较有特色的骑楼建筑，对于一般的骑楼，尽可能地保护与改造；沿街的树木、绿化、广场、大型单位可加以保留	对现状永久性非骑楼式建筑，要求进行改建或加建骑楼
对新建建筑的控制	街道两侧应避免再建设大体量建筑，新建建筑必须按照街道现状的空间特质和建筑风格加以严格控制	街道两侧应避免再建大体量建筑，新建建筑应尊重街道的空间特质和原有骑楼建筑的风格、体量、材料、色彩与细部装饰	新建建筑应保持骑楼形式并维持街道现状高宽比；沿街建筑风格和尺度要加以控制。与街道总体环境气氛相协调	新骑楼街一般要求退道路红线建设；裙楼高度控制在18～24米以下，除“骑楼风貌区”内的新骑楼街以外不对建筑总高进行严格的限制；骑楼内廊净高5～9米。骑楼进深5～8米，柱距6～8米
交通组织措施	在骑楼街两侧开辟辅道疏解交通压力，改善街道环境，有条件的应辟为步行或公交专用道	利用平行道路分流交通，减轻交通压力	通过开辟旅游道路、完善步行服务设施建设、建立旅游指示系统等手段突出其纽带功能	无

（续上表）

	核心保护段	重点改造段	风貌协调段	建设开发段
对建筑细部及街道环境的控制	建筑的轮廓线应加以保护，不得加建或改建，建筑的高度与比例应加以保护，建筑物原有的细部要加以保护，建筑的材料与色彩应保持原状，所作改动必须以“修旧如旧”为原则，符合街道整体气氛；街道的铺装材料与铺装形式在有条件时可恢复原有的做法，街道中的广场、绿地、旷地，要按目前形式加以保护	建筑物的立面形式要加以保护，建筑形式、材料与色彩应保持统一的格调	路段的建筑风格、骑楼高度要统一，符合相邻骑楼风貌区或文化旅游区的环境气氛要求；单体建筑材料与空间轮廓不作严格要求	以现代建筑风格为主，在一些部位适当运用装饰手法，与周边传统骑楼街风格相协调。整条街道应风格协调，对建筑色彩和建筑材料按照道路的区位不同作出具体要求，玻璃面积占外墙面积的比例不宜过大

下面是部分骑楼街区的保护意向方略，以此求证于社会各界。

1．上下九路的生存之本是坚持骑楼式商铺经营

上下九路骑楼街是改革开放后广州第一条商业步行街。实现步行化后，骑楼街焕发出巨大的生命力，成为广州的名片和旅游亮点。这种传统街区因步行化而获得复兴繁荣的做法，首先就是从上下九路开始的。“骑楼从一开始出现就与商业分不开，浓厚商业味是骑楼生存之本！”然而新中国成立后，由于“公私合营”、“文革”等原因，市场一片萧条，上下九路一带的商业因而也停顿了下来。一直到改革开放，骑楼所蕴含的商业能量才又爆发出来。特别是1995年上下九路变成全天候的商业步行街后，发展之势更是锐不可当。上下九路的经验告诉人们，骑楼街是一种最能聚集人气、最适合开发商业活动的场所（图8－4）。上下九商业步行街是含上九路、下九路、第十甫路，全长1 218米的骑楼商业街。目前街内有骑楼式建筑238间，是广州最繁华的三大传统商业中心之一。早在6世纪20年代，印度高僧达摩在此登岸传教留下“西来初地”史迹（图8－5），清末成为广州最大的商贸集散地，是广州乃至全国贸易往来的重要窗口。

图 8 – 4　骑楼街

图 8 – 5　骑楼街区文化古迹

商业功能同旅游功能是紧密联系的。在此前的“穿衣戴帽”工程中，上下九路的建筑虽然变亮、变新了，但因政府运作的面子工程行为，对骑楼建筑细部产生了极其严重的损毁，丧失了许多历史信息，使固有的可读性、可观赏性剧减。如何永葆上下九商业步行街的魅力，还需要做很多实在的研究工作。

（1）提高骑楼街自身的美学价值。

芦原义信认为，决定建筑外观的临街外墙面为建筑的“第一次轮廓线”，建筑外墙的凸出物和临时附加物所构成的形态称为建筑的“第二次轮廓线”。第二次轮廓线无秩序和非结构化的“含糊轮廓”，会影响第一次轮廓线的表达，造成混乱的街景。因此，骑楼街要给人以美好印象，须注重第一次轮廓线和第二次轮廓线的协调表达，注意原创性的细部艺术处理。没有细部的丰富成就就没有整体的美学价值（图 8 –6）。

图 8 – 6　骑楼细部

西关骑楼街的商业经营以上九路、下九路和第十甫路最为集中。骑楼建筑固有的山花女儿墙、屋顶塔楼，形成了完美的第一次轮廓线。由于骑楼的柱廊、窗间墙和列柱等建筑部位为广告招牌的设置留出了一定的空间，使得立面生机盎然而不杂乱，各商家往往能形成较统一的第二次轮廓线。但由于经济利益的驱动或审美观念的不同，骑楼第二次轮廓线有待加强管理。骑楼立面的有序规划将有助于步行街审美价值的提升。

（2）发掘骑楼内街内巷的功能价值。

将骑楼的功能——商业功能、步行功能、辅助功能引入或渗透到骑楼街区的内街内巷之中，既扩大了市场和交往空间，又增加了就业岗位。利用内街内巷可以补充骑楼街的交通、休憩空间的不足，在某种情况下可以改善骑楼街的购物环境，丰富步行街的空间景观效果，相当于开辟了骑楼街的“第二战场”。

（3）将街区文化景点串连展示开放。

西关骑楼街区内以及周边地区文物古迹和近现代优秀建筑众多，如西关大屋、李小龙祖居、岭南艺苑、清状元梁耀枢故宅、十六甫东黄家傅家大宅门、八和会馆、乐行会馆、詹天佑故居、泰华楼、銮舆堂、华林寺、西来初地等，构成了丰富的旅游资源。周围的几个历史街区多形成于清末民初，地方特色浓厚，宜实现景点的网络联系，综合开展整个骑楼风貌区的旅游活动，推进西关骑楼街区的网络空间发展，优化小街小巷的开发环境，从而增强骑楼街的文化生命力。

（4）讲究纵向景观轴的时空美学艺术。

与上下九路和第十甫路的骑楼街紧密串连的恩宁路也应该作为保护和发展的对象，发挥上下九的商业氛围与恩宁路的闲情雅致互补互衬的作用。另外还有其他的一些骑楼街可以进一步向纵深发展，保持它们空间的连续性和文脉上的连续性，增加铺面，扩大经营范围，推广特色产品，形成骑楼专业街。有意识地做好街道转折处、巷道入口处、天际轮廓起伏处的景观节点设计。街道深邃悠长，正是骑楼街的魅力所在，一次逛不完正好留下艺术悬念。一日游变二日游、疏散人流分段游览，可以增加游客容量、扩大旅游规模，减缓步行街的拥挤现象，提高游览舒适度。

（5）改善优化骑楼街区居住环境。

由于历史的局限性，骑楼由私人个体投资兴建，居住环境质量不是很高，居住空间一般是外廊内屋、下店上宅的布局形式。由于不少骑楼是由竹筒屋发展而来的，故二楼居住空间多采用单开间式，屋内厨房、天井、厅堂、卧房按照一定的顺序前后排列，当使用方式改变后，通风采光问题的解决不一定十分理想。当今，可以利用新材料、新设备、新技术、新工艺进行内部改善，不仅可使老居民改善居住条

件，还可让外来人口乐于在骑楼街居住、创业，实现自我价值，提高定居意识。

2. 北京路骑楼街应凸显建筑艺术魅力

北京路是广州古城遗址文化的核心载体。“千年古道”、“千年古楼”彰显北京路的历史文化底蕴，可意象性强，使游客容易产生认同感。步行街的模式，给人们提供了很多漫步观赏街景的空间和时间。在展示历史文化古迹的同时，更应该给人们展示丰富多彩的城市建筑文化景观。因为街道重要的是建筑构成的人流、物流、信息流的“河”，“两岸风光”当以建筑立面为主。建筑的外部形象与文化内涵，给人们以物态的记忆；结合活动于其中的人群（自然以本地居民为主），可以反映出更多活态的城市风俗、民情。

然而北京路的现状不是这样的。“商”的氛围过于浓烈，商场内部自不多说，街道外部从墙面到地面，从街头到街尾，从小小商亭到整个街道空间，几乎张扬的都是商业广告。建筑立面几乎全被广告牌遮盖，建筑第一轮廓线形象几乎全部消失，只有几根骑楼柱子还立在广告牌下，柱子周身都是广告（图 8－7）。看来本真的建筑只是个毛坯就够了。每当商家换房，广告也跟着换装，建筑立面也跟着变样。说实在话，在这样的氛围中逛街，您又能有怎样的观感？

图 8－7　北京路“广告街”

本来北京路是一条地理位置重要、空间富有意蕴和美学价值、颇多历史文化景点的商业骑楼街。现在建筑文化没有了，历史文化少了，除了上面见到广告立面外，就是大拆大建，将传统的骑楼建筑拆改的怪模怪样，严重失去了历史感、古典美。如果古城边缘的老房子是危房，理当拆个精光，而市中心北京路的骑楼却是可以修整的历史上的大户“豪宅”。本来好好的骑楼街道线性特色的动态空间，现在拆得街道不像街道、广场不像广场。历史的场所精神没有了，千年古城的传统道路格局没有了，老广州人的记忆没有了！这种“创新”，丢掉了老百姓喜闻乐见的骑楼文化艺术，丢掉了古城人性化和舒适性的行为方式，丢掉了历史建筑与人的亲切对话和传神达意的模型语言，使人即使来到北京路也只是徒增许多莫名的失落感。

3. 恩宁路骑楼街应打八和会馆等人文牌

在社会各界的高度关注下，恩宁路的骑楼街应该完整地保留下来已是一个不争的事实。决定不拆了，但有的人也就不会帮助保护了。因为他们感兴趣的是“拆”，对“保护”不感兴趣。正如有的街坊所讲到的，如今冷冷清清的恩宁路骑楼街像没有了灵魂一样，如果仅仅不拆就叫做保护骑楼街，那么这是对保护的一种误解。骑楼街是有生命的，恩宁路现在就像一个植物人。有专家认为，恩宁路的骑楼街要复活，一定要把离它一街之隔的上下九的人气借过来。但是不是又要将恩宁路变成又一条步行街呢？当然不必如此，一般人逛街不可能步行这么长的距离。因此，恩宁路最好是变成人们逛完上下九步行街之后，休息和调换心境的地方。重新擦亮恩宁路“八和会馆”，打好文化名人聚居地这一张文化牌，把文化休闲产业集聚在恩宁路，让恩宁路继续保持一种静雅的状态，展示出它的历史文化内涵。

目前恩宁路、南华西骑楼街区比较破旧萧条的现象，缘于缺乏政府的保护和平等的对待；更为严重的是利用行政手段将这些历史地段进行大肆拆毁，让房产商进行所谓的开发。历史上的骑楼街之所以能建成，正在于有一道在任何人面前都平等的规划条例。有人坦言，改变萧条现状还是有办法的，政府要出台相关平等政策，保证永久地保护这些骑楼，把骑楼街区市政、卫生、治安等各方面的环境搞好，就可吸引居民重新搬回来。从法理上讲，这本来就是政府应尽的责任，但政府的立场没有站在这一点上。政府与开发商联手“经营城市”赚钱，历史文化与弱势群体的利益将无从体现。

4. 解放路拟重新建造港式双层骑楼街

解放路现为南北向交通干道，因骑楼少，商业比例较低，营业环境氛围达不到一定的浓度，经营铺面街道长度有限。当原有骑楼街完整街面被拆除后，街道两边的骑楼建筑景观不复存在已经十几年了，暴露出来的残垣断壁存在不胜遮羞般的图景（图8－8）。原有四牌楼历史古迹已是昨日梦幻。道路两边的文物古迹虽然较多，但直接从街道上看到一点漏景、泄景者也很少，激不起人们的雅兴。早年郑静、庄海波、林琳等人撰文主张解放路新建双层骑楼街，促进商业繁荣，并使广州新骑楼在中国城市建设领域率先开创一种人车和谐共存的景观。这一模式，广大开发商是获利者，是会得到他们的拥护的。相信经过建设和艰苦的管理后，解放路将会成一个既有传统又有新意的都市元素。

图8－8　历史上的解放中路的骑楼

颇具挑战性的是，要求用较单薄的新建筑贴着残存的历史建筑兴建，不宜再向街道东西两侧搞恶性拆迁。希望整条街的骑楼建筑在具备良好的对外采光通风效果的基础上，保证骑楼廊道具有严格的连续性、新颖的流动空间环境和街道立面景观。

5. 中山路骑楼街拟集老字号商铺一条街

中山路骑楼街是横贯广州老城的一条最直、最长的大型主要交通干道，街上老字号商铺众多，沿途文物古迹众多，构成了广州古城东西走向的一条坐标轴。前面提到，因修建地铁，地上骑楼惨遭破坏。曾经的大新公司、艳芳照相馆、惠如楼、新华电影院、菜根香素食馆、妙奇香茶楼、致美斋等百年老字号商铺，在20世纪90年代几乎集体消失（图8－9）。

图8－9　中山路老字号骑楼

今后的复修原则是尽量规划设计商业骑楼商厦，尤其是鼓励老字号商铺复兴，在中山路开业。骑楼有必要连通整个底层，骑楼商厦之间应有骑楼连廊相接，构成骑楼街区有机整体效应。目前数栋大型商厦以新型骑楼形态正在中山路两旁兴建，有的已经营业，这是值得庆贺的！但大多各自为政，兄弟骑楼之间缺乏有机联系。难道广州现代建筑不能丢弃画地为牢、自我封闭的模式，学习一点骑楼团结精神？中山路七千米骑楼延绵不绝的壮景已不复见，人们希望政府能真正让中山路骑楼精神魂归故里。骑楼要素能否照顾周边的文物古迹建筑？可谓当代一个有趣的小课题。全国历史性文物“万木草堂”不应该降低格调屈居商厦一隅。

6. 南华路等骑楼街应立法维护环境整饬

南华路、洪德路、同福路骑楼街应加强立法保护维修、投资环境整饬，提高弱势群体的生活水平。在长约 1 千米的南华西骑楼街，坐落有 160 间骑楼屋。骑楼街的背后，还有许多民国时期的别墅建筑、西关大屋、名人故居、宗教建筑，文化底蕴深厚、历史遗存艺术性很高，可观赏性强。根据史料记载，南华西街开基于清乾隆四十一年（1776 年），距今已有 221 年的历史。那时以十三行“世界富豪”潘振承为首的潘氏家族和一批商贾，在今海珠区乌龙岗西面置地开村建宅，并于漱珠河涌上架设漱珠、环珠、跃龙三座很有景观特色的桥梁以利于交通。南华西则得名于 1926 年，取“河南繁华发达”之意。

极具广州特色的南华西骑楼街改造方案已最终敲定，在保留原有特色基础上修缮保留，日后骑楼的首层或用作商铺，如此将成为一个最适宜居住的历史街区。同时，海珠区拟对南华路、洪德路、同福路 3 条街的骑楼建筑进行立面整饬。这 3 条街位于海珠区西北部，街道两侧还排列着比较成规模的具有岭南地区特色的骑楼建筑（图 8 -10）。

图 8 - 10　南华西街骑楼

虽已完成骑楼改造初步方案设计，但能否得到有效落实，明显存

在不少问题。目前，南华西在危破房改造工程中已失去许多成片的历史街区。令人担心的是，南华西街近期动工项目是高层商品房，拆掉的骑楼街区永远地不复存在了，破旧骑楼街的有效修复保护却感觉不到有多大的力度。房地产开发商与政府出面的拆迁运动，应该远离南华西街历史文化街区。

（三）骑楼建筑的规范措施

骑楼建设靠的是强有力的规章制度，近代城市骑楼建设史，为我们今天树立了榜样。同样，骑楼的保护也必须依靠强有力的规章制度。历史文化遗产的保护制度通常包括法律制度、行政管理制度、资金保障制度三项基本内容，以及相应的监督制度、公众参与制度。有法不依、有制不行，则为最严重的破坏力！

1. 改歧视历史为尊重历史

除了骑楼的自然老化、自身功能减退、产业竞争力丧失、自我更新不足、自我管理落后，导致骑楼历史街区衰败现象以外，还有本专业界的因素，造成骑楼“前半个世纪走运，后半个世纪倒霉”的厄运。

（1）避免遗产遭遇认识误区。

长期的偏见，使骑楼遗产处于衰败的境况。骑楼是资本主义的产物，骑楼是旧中国的产物，应该除之；骑楼带有外国殖民地色彩，骑楼是崇洋媚外的建筑，应该破之；骑楼建筑是家族式的住宅，骑楼设计不科学、缺乏艺术性，应该用“现代化”取而代之；骑楼太破烂，影响市容市貌，骑楼影响绿化，不应继续保留；骑楼影响交通，妨碍汽车通行，需赶紧废除……总之，“破”字当头，革骑楼的命。“拆”会有政绩，不会犯错误。上述悖论，虽遭批判，但远远没有肃清。时不时出现的大拆大建现象，令人防不胜防。

（2）限制车道恶化生存环境。

曾以为高架公路桥就是解决交通问题的灵丹妙药，十几年后人民路骑楼街高架桥却成了等待拆迁的对象。因为高架路引来了更多的车流，车流多是通过性人流，不会为骑楼街带来商业的繁荣。高架桥造成声光热环境的进一步恶化，带来污染、噪声、拥挤、震动、辐射，并促使古建筑的外部围护结构加速腐烂。本来一条繁华的骑楼商业街，至今却还苦苦挣扎在车流的旋涡之中。

（3）力戒规划失策造成破坏。

许多骑楼街本来就应该被列入历史文化名城重要组成部分的历史文化街区，加以严格保护，但却长期被排斥在外，使保护规划得不到落实而日益衰败。究其原因有："名城办"只相当于市局下面的一个科室，级别低、权力小、水平差、办事不力，多年来没听到过该单位发出一点保护骑楼的强有力的声音。而有些规划部门学历水平高的人才多的是，除少部分人外，法人代表是不愿干这些没有经济收入的事情的。另外，某些房地产部门老是企图拆迁骑楼街区作"地王"，开发商品房赚钱。更重要的原因是，民众、学界、民间资本没有话语权、表决权，没有财产维修权，没有保护意见权。

（4）不因产业转移有损建筑。

城市变大，机关、企业、富人阶层的转移，使历史骑楼街区相对败落、老居民锐减，旧城成了外来人口集聚地，百年老字号企业作坊固有市场大量丧失。不但物质环境遭损，人文环境、非物质文化遗产也遭损不浅。

（5）杜绝维修失误导致损毁。

维修骑楼，尚无专业人员。在缺乏中外古典建筑知识的情况下，不了解骑楼基本建筑结构、建筑构造、装潢艺术，尤其依靠大批不了解高、浅浮雕及其花纹图案艺术的人，进行骑楼立面改造，用现代涂料一涂了之，只会使骑楼建筑蒙受更大的损失，丢掉更多历史信息，使其可阅读性大打折扣。

2. 依民意的风貌评价

有些骑楼不是文物，但有文物价值。骑楼集中的街区往往由许多城市建筑元素共同构成某种特殊的历史风貌，李颖女士在研究广州骑楼保护工作中称之为"骑楼风貌区"。为了实施整体保护、综合控制，须进行整体风貌的定量分析（表 8－2）。先找出评价因子、拟定因子权重、然后打分加权平均，最后得出整体风貌评价值。根据街道连续性、建筑质量、审美价值、功能实施、历史地位、空间尺度感、周边环境七因子，广州骑楼风貌区可评出五个等级。

表 8-2　骑楼街整体风貌评价因子分级（李颖、刘云亚）

	评价因子	权重	属性分级		评价值
1	街道连续性	2.3	双边骑楼	80% 以上 60% ~80% 60% 以下	10 8~9 6~7
			单边骑楼	80% 以上 60% ~80% 60% 以下	4~5 2~3 0~1
2	建筑质量	0.6	好 中 差		8~10 4~7 1~3
3	审美价值	2.1	风格统一，立面丰富，特征性强 风格较统一，立面较丰富，有一定特征 风格杂乱，立面简单，无明显特征		8~10 4~7 1~3
4	功能实施	1.4	商业街 商业、交通混合道路 交通性道路		8~10 4~7 1~3
5	历史地位（社会价值）	1.8	历史上有较高地位 历史上有一定地位 历史上无特殊地位		8~10 4~7 1~3
6	空间尺度感	1.4	H/D=0.8~1.2，尺度亲切宜人 H/D=1.2~2 H/D=2 以上，有压抑感		8~10 4~7 1~3
7	周边环境	0.4	加分	滨水（+3） 有文物保护单位（+4） 有公共绿地（+3）	1~10
			减分	有高架路或分隔带（-3） 有天桥（-3） 有与骑楼街风貌不协调的建筑（-4）	-10~0
合计	总体风貌评价	10	总评 5 级		

3. 持科学的保护手法

此标题中的“骑楼”泛指骑楼、骑楼街、骑楼街区、骑楼城等。它们各有不同的保护方案、手法和内容，但总体概念上说可分三种基本类型——骑楼文物建筑、骑楼历史文化街区、骑楼历史文化名城（镇、村）。现实中第三者大多已难存在，只能划入第二类对待。其中典型如开平赤坎镇，完全可定名为“骑楼历史文化名镇”，因该镇规模较大、格调非同一般，拟作为名城保护对象亦无不可。

（1）骑楼文物建筑保护。

国家各级骑楼文物建筑应该严格按照国际、国内相关法规加以保护。如广州长堤爱群大厦、上下九平安大戏院、北京路新华书店、人民南路的罗马风格饭店、西堤南方大厦、中山路惠如楼、南华西街同福西路280号南达堂，等等，都应该挂牌定为20世纪的文物保护单位。国际古迹遗址理事会《威尼斯宪章》（1964）和东亚文物保护《北京文件》（2006）一致规定：

①要保存历史的原物，修复要以历史真实和可靠文献为依据，反对一切形式的伪造；

②要保护古迹在各个时期的叠加物，保存全部历史信息，让人能读出历史长卷的各个章节；

③修补要整体和谐，但又要和原来的部分有明显的区别；

④对遗址要保护其完整性，用正确的方式清理开放而不应该重建，古迹的保护包含它们所处的环境，一般不得迁移；

⑤尽可能地多保留表层材料的真实性，建筑表面的丰富是文化、审美、材料、工艺的背景和价值。

骑楼建筑保护做得好的是澳门。澳门政府十分重视“MACAU”岛上400多年来各个历史时期的建筑遗存。新马路一带的骑楼已经进行了修复，很多内地人看后，深感回到了自己城市过去的年代（图8-11）。澳门人甚至用巨大钢架保护骑楼遗存，进行整体修复。许多个案得到了理想的效果。市政厅广场两侧四层欧式新古典主义骑楼，成为举世闻名的旅游景观，一条骑楼步行街延至大三巴牌坊。

图8-11　澳门骑楼建筑

（2）骑楼历史文化街区保护。

按2008年实施的《历史文化名城、名镇、名村保护条例》（以下简称《条例》），法定的骑楼“历史文化街区”是“经省、自治区、直辖市人民政府核定公布的，保存文物特别丰富、历史建筑集中成片，能够完整和真实地体现传统格局和历史风貌，并有一定规模的区域”。偌大的一个广州，曾分布全古城、共有54条、数十千米长骑楼街的广州，曾以骑楼步行街特色誉满天下的广州，应该有以骑楼命名的历史文化街区。如广州上下九骑楼街区、海口南洋骑楼城、梧州骑楼城、潮州骑楼牌坊街、汕头小公园骑楼广场。按《条例》规定：骑楼历史文化街区核心保护范围内的骑楼建筑物、构筑物应区分不同情况采取相应措施分类保护。核心保护范围内，除必要的基础设施和公共服务设施外，不得进行新建、扩建活动。保护范围内的历史建筑，应保持原有的高度、体量、外观形象和色彩。拆除历史骑楼建筑之外的违章建（构）筑物，及其他设施时，应当有规划部门会同文物部门的批准。

骑楼文物建筑保护与骑楼历史文化街区保护的异同点是：

①它们都是保护文化遗产，都要真正地保护历史原物，对历史建筑进行抢救、维护；

②骑楼历史文化街区重在保持传统机理、风貌特色，不仅要保护文物古迹，还要保护道路、街巷、院墙、小桥、河涌、驳岸、古树名木等；

③骑楼历史文化街区不仅要保护其外壳，还要保护“活态”的社区文化、社区生活环境，并保持街区的经济活力。

在地方骑楼保护研究成果中，李颖、刘云亚制有骑楼街整体风貌评价指标表，具有普遍的参考意义。

（3）骑楼历史文化名镇保护。

以骑楼建筑景观为总体映象的历史文化名镇，更具有旅游美学特征。其传统骑楼景观的整体性、连续性、趣味性常常令游客兴奋不已、乐而忘返。广东五邑侨乡就拥有许多这样的古镇。对此，当地市、县人民政府可参考《条例》开展保护、利用及其旅游发展规划。

①应积极申报骑楼历史文化名镇，加强名镇整体保护，保持其传统格局、历史风貌和空间尺度，不得改变与其相互依存的自然景观和

环境；

②根据当地情况，按规划控制骑楼镇区人口数量，改善基础设施、公共服务设施和居住环境，但基础设施建设应征得有关主管部门同意；

③不能违规在保护范围内大肆从事建设活动，危害历史文化遗产的真实性和完整性，不得对其镇区、绿地、水系等传统格局和历史风貌构成破坏性影响；

④建设控制地段内的建（构）筑物，应分类进行保护：核心保护范围内的历史建筑物，应保持原有的风格、体量、高度、色彩，不得随意拆迁；

⑤制定防火安全方面的保障系统，设立保护标志，建立历史档案。

4. 可持续的发展模式

骑楼作为一种建筑艺术、空间类型、边界环境，可以运用到建筑的方方面面，可为城市设计提供多样化的成果。骑楼作为一种哲理性空间模式，可以丰富人类的生活方式。

（1）骑楼街区的整体康复。

维持骑楼街区的街巷格局，振兴骑楼文化产业，复兴老字号店骑楼商业街，进一步发挥骑楼对地域气候的适宜性特性，美化骑楼街道空间，须组织好新老骑楼街区的交通网络，实现传统骑楼街区步行化——这是在市政建设上最基本的两点。只有这样，才能让骑楼的优越性体现出来，被越来越多的人接受，传承下去、发扬光大。

①骑楼街区市政更新。

骑楼道路交通的改善，需整治原有骑楼街街面，配置相应的街道服务设施，加强街道景观管理，提高平行的非骑楼街的通行能力，完善必要的消防通道，疏解骑楼街的交通压力。中国农业文明时代的城市一般并不太大，残留的历史街区总面积就更小了，均在自行车、步行范围内，根本不存在非常严重的搭车难问题。如果地铁站就在旁边、四周有公交干道，居住在历史街区的居民创业、出行，游人聚散都不是难事。为开展旅游，骑楼街区配置电瓶环保车、人力三轮车、肩抬滑竿、花轿、出租自行车以及水上游船等，将会进一步改善人们的出行方式。那种借口发展交通、借口骑楼影响行车视线、反对保护骑楼建筑的说法是站不住脚的。骑楼街区的主要功能不是行车，行车的功能应该分散到其他干道、大道上去。

为保持传统街区的日常生活居住方式、民俗风情和历史文化，需稳定原有居民，尊重原有居民的生存环境。如是，需添加骑楼街区的市政配套设施，如上水（自来水）、下水（排水、排污）、煤气、电力、照明、通信、治安、绿化等方面的建设。那种“腾笼换鸟”式富人置换穷人的方法，那种对历史街区所谓贫民窟式的改造，那种所谓低级旧房“贵族化”的处理方式，都是错误的。

②骑楼街区的步行化。

“步行化”不仅是一种规划手法，更是一种世界观、生态观、历史观。要保护历史街区，实现步行化是个科学化、民主化措施。步行化一定程度上抵制了汽车的侵扰，变“以车为本”为“以人为本”；变一种单纯的物流空间为丰富的人文活动空间；变现代化对人性化的异化为人性化对现代化的同化。“步行化”保护了历史环境氛围、人文价值场所、历史物质遗存，保护了传统生活方式、手工作坊式的生产模式的遗产形态、民风民俗民间艺术等非物质文化遗产的气候载体。如此反映出来的现实价值则是更深刻的环境价值、旅游价值、历史纪念性价值，民族的、地方的、大众的文化生态传承、展示的价值。这种方式是其他“城市大手笔”无法替代的。怎样进行步行化设计，早年国内外许多城市步行街设计教科书可资参考。

图 8－12　步行化的骑楼街区

广州上下九路、第十甫路是全国第一条实行步行化的骑楼街，由此使这些老街获得新生（图 8－12）。

目前全国步行化的骑楼街越来越多，形式也日趋多样化。从时间控制上可分全日制、定期制、限时段等模式；从街道行为方式看有高空步行道、街心活动栏杆通行、地下街隧道连接等模式；从设备设施来看，有自动扶梯、自动传送带、电瓶车代步等骑楼街模式。

（2）骑楼街区城市设计。

城市设计以物质空间为对象，侧重于外部空间形态即构成要素之间的协调问题，上位层次与城市规划有关，下位层次与建筑设计相关。骑楼街区城市设计包含三个方面的业务：一是骑楼街区的保护发展，二是新型骑楼街区的开发创造，三是保护传承与创新发展结合。

①传统骑楼街区的保护发展。

这类项目有中山市孙文西路骑楼街（图 8－13）的复兴，潮州牌坊骑楼商业街的复兴，梧州骑楼城的复兴，漳州、泉州的老骑楼街的复兴等。这类项目集传统格局保护、局部更新改善，文物保护与历史街区保护同时关联进行，用以实现文化传承及旅游活动需求。

图 8－13　中山市的骑楼街

要恢复被非骑楼建筑替换、插建的传统骑楼街，可采取如下做法：

非骑楼建筑为框架结构，且与原骑楼街平齐布置，可将压在人行道上的框架柱廊暴露出来，打通墙体形成骑楼空间，原外墙退缩到第二柱列处。原二层以上外墙可作适当构造处理，让其窗眉、窗间墙、檐口、女儿墙，同左右骑楼风格协调；甚或可适当装饰框架柱，赋予某种柱式文化艺术，此谓“减法”法则。非骑楼建筑退后骑楼街的人行道，则可在该建筑前加建一层廊道或二层骑楼，并使之与非骑楼建筑的室内空间整合运用，此谓“加法”法则。有时还可将计就计开辟成袖珍型骑楼广场，并让骑楼空间绕场而过。

具有连续阳台的现代建筑，可利用阳台的骑楼变换，顺利实现传统骑楼街道的修复工作。利用雨篷的骑楼演化、利用连续窗檐的骑楼演化，都能方便地实现历史骑楼街区的复兴。有特殊功能意义的街段，可以形成当代的“不见天”市场模式。

“积零为整”——传统骑楼室内空间小，将数栋骑楼隔墙打通可形成大空间商场，满足目前扩大规模经营的要求。“化整为零”——大型现代建筑恢复传统骑楼建筑风貌，可将大面积街面划分为若干个单体传统骑楼形象，生机勃勃的热闹景象正可为商家带来某种积聚效应。

过去的围墙可复辟为骑楼街，过去的街道工业厂房附加车间本身就是骑楼雏形，稍加改造就能构成某种特色骑楼。骑楼空间功能的多元化、建造方式的艺术化，一定会给人们的生活增添奇光异彩。

②新型骑楼街区的开发创造。

这类项目有新型骑楼商业中心区规划设计、有微型骑楼买卖街的居住小区规划设计、现代双层骑楼街区的新建等。如广州丽江居住小区、中山市悦来路城区商业城、番禺南村骑楼商业集贸中心、杭州湖滨街区的改建工程、泉州新骑楼区等。形象创新、功能创新、工艺创新是这类项目的共同特点。

图 8－14　澳门新口岸的骑楼

澳门新口岸是 20 世纪 90 年代初，在新建的港澳码头填海区建造的一片狭长的高层商住楼群。区内高档酒店林立，但均为带有不同柱廊的骑楼建筑（图 8－14）。在三排楼房之间，有一条为车行街道。另一条为约 200 米长的步行休闲内街，内街里有花坛树池、餐饮店档，是个闹中取静的好地方。街口都设有车档，它是澳门第一条休闲步行街。每当华灯初上时，这里高朋满座，很有情调。

③保护传承与创新发展结合。

一个工程项目中既有历史传承，又有创新发展，两者互促互补，一脉相承发展，往往能收到理想的效果。顺德凤城骑楼老街的保护延伸及新型城区骑楼街的推进就是成功的案例。梧州将新型小区与骑楼老城用骑楼连接起来、新老呼应也是这种手法的运用。江门滨江骑楼广场及某青年旅行社

图 8－15　有特色的历史骑楼

旅馆大楼新老骑楼建筑都有，新建向传统风格看齐，吸纳精华、共生共荣、两全其美。我们可与澳门新骑楼对照一下，广州南华西街的历史骑楼设计艺术也很有特色（图 8－15）。

（四）骑楼建筑的复兴发展

骑楼积淀和凝聚着深厚的文化内涵。它是反映岭南人过去生存状态、创造活力及其与环境关系的有力物证。作为城市文明的纪念碑，骑楼既是昨天的辉煌，也是今天的财富，更是明天的希望。它不可再生的历史价值需要我们妥善而有效地加以保护，它良好的实用价值需要我们积极而合理地加以利用。实践将继续证明，对于文化遗产的骑楼来说，继承是最好的保护，发展是最好的弘扬。在本书编写完毕之后，再次阅读国家文物局局长单霁翔先生的著作《城市文化遗产保护与文化城市建设》，令人精神更加振奋，好似呼唤来一场骑楼文化的复兴运动。

1. 骑楼建筑——城市文化遗产

骑楼建筑文化遗产体现着城市独特的思维方式和文化价值，是岭南城市生命历程的根基。每一栋骑楼建筑，都记录着城市发展和演变的过程；每一条骑楼街都承载着丰富而真实的社会和文化信息，保留着岭南城市的传统风貌、民族风情、市民习俗。从骑楼中我们可以实实在在地感受到岭南城市近代史的积淀。

骑楼是亚热带城市特色的重要体现，是岭南城市生命历程中不可中断的链接，依此可以很好地保护和延续城市文化，让我们触摸到尚未消逝的历史真实，使今天的生活与历史、与未来紧密地联系在一起，使我们的感情有了物质的依托。今天，不少城市为了保护一栋骑楼、一条历史街道、一片传统民居，不惜代价地调整规划设计方案，目的就是保留城市历史的记忆和特色。

城市的定位，是由城市文化遗产的特质所决定的。岭南骑楼涉及城市文化的身份认同，体现着城市发展演进的自觉水平。一个缺少文化资源和历史积淀的城市，不是一个健康的城市。保护骑楼、保护骑楼文化，归根到底，就是保护我们自己。祖先留给我们城市的文化遗产并非今日市民独自所有，我们还要把它们转交给后代，未来的市民同样有权利面对这些文化遗产，同样需要与历史与祖先进行感情与理

智的交流。延续城市文化是一种历史责任。我们没有权利和理由使文化遗产在当代消失。我们只能不遗余力地守望与传承，同时适当地加以合理利用。从骑楼样式到骑楼艺术，再到骑楼文化，形成了一条发展链。许多运用了骑楼艺术手法的新型建筑，都得到了空前发展。

文化遗产构成城市文化生活的内涵。正如古建筑不是伦敦经济增长的累赘，而是伦敦繁荣的基础。城市不仅要为市民提供一个良好的物质环境，而且要为市民提供一种高尚的文化空间与价值认同，进而产生一种自豪感和凝聚力。城市现代生活需要文化遗产，岭南城市需要骑楼。没有继承谈不上发展，不了解自己城市文化遗产价值的城市决策者是悲哀的。对于文化遗产，任何一座城市的任何一任决策者，都不能利用手中的特权进行掠夺性开发或毁坏。

骑楼作为文化遗产可以促进城市健康发展。继承、保护、对于维系中华民族血脉，弘扬优秀文化传统，增进民族团结，振奋民族精神，推动人类文明进步和维护全球文化多样性，均具有重要作用。文化遗产的丧失是无法弥补的，其结果将导致精神的贫乏、历史记忆的缺失和整个社会的衰退。正确处理文化遗产保护中的各种关系，实际上就是对科学发展观的积极实践。

2. 保护运动——渡过生存危机

文化遗产面临诸多生存危机，骑楼本体屡遭损毁与亵渎。让人们触目惊心的，不是时间对历史的侵蚀，而是人为的破坏：一是所谓“危旧房改造”，二是所谓“旧城改造”。骑楼遗产拆毁之多、后果之严重，盖历代之最。正如人们所看到的，走在我国各个城市的街道上，路边传统建筑外墙画着白圈的“拆”字已经成为一道寻常的风景。“拆”字当头似乎已经成为不少城市建设的第一步。“拆”使多少历史文化街区遭受了灭顶之灾，“拆”使多少历史城区丧失了传统肌理，“拆”使多少历史性城市失去了特色风貌。因此“拆”被冯骥才先生斥之为“二十年来中国城市中最霸道的一个字”。

不合理定位改变历史街区的生存环境。“在近年经济建设的高潮中，地方政府将经济指标放在第一位，往往是基建部门压倒文物保护。因此，在执行文物法的过程中，遇到了很多来自各级政府的阻力。在建设工程中破坏遗址和文物的几乎都是政府行为。”徐苹芳先生面对文化遗产保护的诸多困难，说出了每一位文化遗产保护工作者的心声。

19世纪中叶，当时巴黎市政长官G. E. 奥斯曼（G. E. Haussmann）对巴黎进行了一次大规模的改造。直到今天，虽然奥斯曼已去世130多年了，巴黎人还在为那一次他所领导的对巴黎老城的屠杀“大加声讨”，骂他是一个毁坏了无数历史文化遗产的“蹩脚规划师”！当时奥斯曼对巴黎的改造和今天我国一些历史性城市的改造有着很多相似的地方。巴黎市民从惨痛的事实中汲取教训，使许多历史城区和文化遗产得以留存下来。如在20世纪五六十年代，超高层建筑要在巴黎市中心立足，数量快速增长的汽车要在传统街区内冲出宽阔的大道，房地产开发商们策划拆除历史城区内狭窄的历史街道和设施陈旧的传统建筑……正当这场文化灾难即将来临时，首先是市民们挺身而出，在报刊上发表文章，举办城市历史展览，成立街区保护组织，宣传保护文化遗产。他们为保卫历史文化空间而努力奋争了数十年，终于使这些观点成为今天全体巴黎人的共识。

国际视野应该让我们看到差距。实际上，根本的问题在于经济崛起的我国城市在21世纪是否有意识、有信心和有能力保护和弘扬自身文化，而其中能否拥有正确的发展理念则更为关键。

日本的文化遗产保护立法经历了一个跨越百年的系统工程。早在1871年，即现代化的初始阶段，日本就制定了第一部有关文化遗产保存的条例；随后，在1897年和1929年政府又分别颁布了《古社寺保存法》和《国宝保存法》；而1950年日本制定的《文化遗产保护法》，更加强调文化遗产的精神文化层面的意义，此后的50多年间，又对该法进行了近20次的修订。由此看来，文化遗产的保护是可以随着现代化与时俱进的。今天，西欧一座座保存得十分完整的千年古城，既像一座座巨大的博物馆，又像一件件完整的艺术珍品，它们的每块砖、每棵树、每层石阶、每栋房屋、每条街道都镶刻着历史的印记，透射出当地居民的勤劳智慧和独具匠心。这些古城和文化遗产之所以能够留存至今，在很大程度上既得益于市民们强烈的保护意识和参与意识，也得益于城市决策者的远见卓识。从韩国和日本这两个亚洲现代化程度较高的国家来看，现代化本身就伴随着对自身文化传统的自我认定和本质强化，而绝不是如同我国某些城市对自身文化传统的自轻自贱或全盘否定。

3. 民间祈望——骑楼带来幸福

民间非物质文化遗产的信息体系和价值体系，一般是通过无形的

（非物质的）方式体现出来的，但一定程度上可转换成有形的（物质的）方式加以保护。非物质文化遗产的物质载体、环境氛围往往成为文明的摇篮和象征，保护生存环境就是更有利地保护文化基因的传承。比如西关文化需要具有西关风情的骑楼历史街区加以承载和储蓄，否则，将魂飞魄散。

联合国教科文组织《保护非物质文化遗产公约》指出："国家在保护非物质文化遗产的活动中，应努力确保创造、保养这些非物质文化遗产的社区、群体，以及有时是个人的最大限度的参与，并积极地吸收他们参与管理。""参与"就是"传承"。改革开放几十年，很多可行、可靠、可为的学术研究成果，完全能参照执行，构筑起一个良性机制。令人深思的是，科学的东西为什么就得不到实行和推广？

目前，恩宁路面临着"大拆大建"危机。不应在没有公众目标、没有正确动机、没有保护意识、没有合理方案、没有科学依据、没有法律保障、没有公众参与、没有必要监督的前提下，盲目改造。恩宁路一带的文化遗存及其有机相连的物质空间环境能否得到有效的保护，即《内罗毕建议》要求的：得到认真鉴定（identification）、防护（protection）、保存（conservation）、修缮（restoration）、再生（renovation）。真正"不惊动西关文化"，维持该地区及其环境，并使它们重新获得活力，值得拭目以待、严格监督（表 8－3）。

表 8－3　恩宁路历史文化景点特征统计资料

序号	景点名称	地位	内涵	形态特征	保护措施
1	八和会馆	恩宁路 177 号	粤剧八和母馆	骑楼建筑文化厅堂	就地保护
2	马师曾红线女 1950 年居屋	恩宁路北汇源桥脚	粤剧艺术名人	西关独立住宅	群体保护
3	陆云飞	恩宁路北汇源桥脚	粤剧表演艺术家引进舞台灯具	民居陈列馆	群体保护
4	銮舆堂	恩宁路永庆二巷 1 号	武打行当会所	民居陈列馆	就地保护
5	泰华楼	恩宁路多宝坊	李文田探花第	院落式古典民居	文物保护

（续上表）

序号	景点名	地位	内涵	形态特征	保护措施
6	詹天佑故居	恩宁路十二铺西街42号	中国科技名人	博物馆	类文物保护
7	李小龙祖居	恩宁路永庆一巷13号	中国武术名人	文化景点展示	就地保护
8	方艳芬故居	恩宁路南	粤曲名人	名人故居	就地保护
9	普和（福）堂	恩宁路街区	敲击民乐	家居式乐房	就地保护
10	南狮武馆	西关颜馆	民间文娱活动	无	纪念标志
11	宝庆大押	至宝桥头宝庆新中约41号	地方典当文化	专题研究	就地保护
12	特色民居	恩宁路69、71号等	西关居住文化	专题研究	本体与环境保护
13	金声戏院	恩宁路	第一家拥有1 600个座位和冷气的电影院	文博待评文物	纪念建筑

恩宁路是拆改较少、绿化具有示范性、内街口弧形转折最有统一特色的骑楼街。未来的恩宁路骑楼街区是个什么模样？正当的规划是政府委托专业部门代表全社会长远利益作方案，而不是代表房地产商们利益的方案，更不是借“中调”之名，搞权力寻租的方案。我们只希望恩宁路两侧的骑楼能完整地保留下来，退进巷道中的若干文化景点、文物建筑、石板路，以及其周边具有西关传统风貌特色的旅游观光环境也多少保留一些。原有西关居民应尽量留存，或尽量返迁。为发展恩宁路的特殊文化产业，可维护、补充一些用历史主义手法设计的文化设施。否则民间文化产业就会成为无本之木、无源之水，落入虚无缥缈之中。

保留下来的骑楼老街另一个用处就是为新建居住楼盘作日常商业服务街、公共交流活动场所、文化娱乐中心。远离骑楼街的自然是大面积、大体量的商品豪宅楼盘了。豪宅设计如能带点西关地方历史风貌，从色彩、质感、构件符号上与骑楼老街呼应，对老西关人就是很大的安慰了。

4. 依靠民众——骑楼的保护神

“民众的参与是最好的保障！”这是印度文化遗产界对外宣传的一

句口号。目的是号召更多的民众加入到保护文化遗产的行列。撒巴瑞玛拉（Sabarimala）寺是印度著名的朝圣地之一，当地政府希望将旅游作为地方的支柱产业，大力开发寺庙地区以造福一方。但是，却在工程动工当天遭遇了印度最著名的民间保护组织——“拥抱运动”。工程区域内，每一棵可能会被砍伐的树木都被人们紧紧地抱在怀里，他们准备用自己的肉体去阻挡工程人员的刀斧。这种颇具印度特色的“拥抱运动”已经有30多年的历史。这种“非暴力不合作”的保护运动在印度迅速开展起来，吸纳了从农民到城市白领，成千上万来自印度各个社会阶层、种族、年龄和性别的拥抱者。今天，以该民间组织为首进行的“拥抱运动”在印度随处可见。尽管“拥抱运动”不是专业性的文化遗产保护组织，但在集结公众力量参与保护文化遗产的运动中，发挥了积极作用。

文化遗产保护作为一项功在当代、利在千秋的社会公益事业，需要动员广大民众积极参与。许多珍贵文物的第一发现者和第一时间保护者就是普通民众。如果民众缺乏文物保护意识，许多文物就可能无声无息地被破坏甚至毁灭。2003年1月19日，陕西省宝鸡市眉县杨家村王宁贤等5位农民在取土时意外发现一处西周青铜器窖藏，被评为2003年度“全国十大考古新发现”。这一事迹传遍了全国，极大地唤起了全社会的文化遗产保护意识。另一件民众自发保护文物的感人事迹，发生在年人均收入不足700元的极其贫困的贵州省黎平县地坪乡，当2004年7月20日，一场百年未遇的洪水冲毁全国重点文物保护单位地坪风雨桥时，当地数百名群众自发跃入洪水，拼死保护风雨桥，三天三夜的奋争，从贵州打捞到广西，抢救回75%以上的构件，使风雨桥得以重建，上演了一幕我国文化遗产保护史上的壮举。

现阶段正是文化遗产保护事业的战略转型时期。我们面对的保护对象，往往经过了数十年、上百年的风雨历程，这些有幸留存至今的骑楼早已满目疮痍，其原生环境也发生了天翻地覆的变化，需要我们努力通过保护技术和工程手段，改善因种种制度弊端所造成的住房低劣、环境不雅等情况，尊重居住民众的骑楼文化情感，恢复骑楼正当使用功能，竭力遏制骑楼街区及其人文环境的进一步破坏。我们寄希望于社区的民众，你们才是在今后生活中自觉的骑楼历史建筑的捍卫者和守护神！

单霁翔局长指出，民众应成为文化遗产保护的知情者和受益人。“尤其是在历史文化骑楼街区和历史文化村镇的保护事业中，应该积极取得广大民众，特别是当地居民的理解和参与。只有民众倾心地、持久地自觉守护，才能实现历史街区文化遗产应有的尊严，而只有享有尊严的文化遗产，才能具有强盛的生命力，才能成为社区的骄傲。”事实证明，骑楼是有情感内涵的，无论是形成过程中蕴含着的固有的情感，还是数十年之后人们对它的情感的共鸣，其文化遗产的情感价值都应该引起更多的重视。每一处骑楼的兴衰，都和民众的利益息息相关，都牵动着千家万户。只有大量当地民众积极投入到维护自己的文化遗产的事业之中，才能变“少数的抗争”为“共同的努力”，历史街区文化遗产保护事业定能取得实效。

长期以来，我国“自上而下”的保护机构和行动贯穿于文化遗产的保护事业之中。但事实上，保护骑楼历史街区，单靠政府是不够的。充分调动民众的积极性加强文化遗产的保护，早已成为世界各国的普遍做法。特别是一些发达国家，民间力量对文化遗产保护发挥着越来越重要的作用。1979 年，国际古迹遗址理事会澳大利亚委员会通过了《巴瑞章程》（Burra Charter）。章程在吸收《威尼斯宪章》精神的同时，结合澳大利亚的情况对文化遗产保护作出规定。其基本主张是强调古迹遗址的价值不仅包括其物质形式本身，而且包括其内容和对社区的意义。

针对民间保护组织日益壮大的势头，单霁翔局长曾对媒体表示，文化遗产保护作为公益事业，植根于特定的人文和自然环境，与当地居民有着天然的历史、文化和情感联系。人民群众是推进文化遗产保护工作的源头和动力，文化遗产保护与广大民众的根本利益息息相关。我们必须尊重社会公众对文化遗产的知情权、参与权、监督权和受益权，使文化遗产融入人民生活、融入社会发展，推动遗产保护事业不断前进。文化遗产保护既要坚持以政府为主导，明确各级政府和有关部门的职责，又要广泛动员全体民众，建立各种保护协会、承认他们在保护中的合法地位、权益与作用。只有这样，文化遗产保护才能真正成为全社会关心、支持和参与的公共事业。

图片来源说明

图 1－3　http：//tupian. hudong. com/a3_40_08_01300000316405122951088920277_ipg. html.

图 1－7　http：//image. SoSo. com；广东旅游网。

图 1－8　http：//tupian. hudong. com/a4_62_32_0130000031640512；http：//image. SoSo. com.

图 1－14　引自《魅力荔湾》。

图 2－1　引自《魅力荔湾》。

图 2－2　引自香港艺术馆藏品，拉伟泊画，萨巴提刻。

图 2－8　引自佛山清华文博古建研究所测绘图集。

图 3－10　引自 http：//www. tvtour. com. cn.

图 3－17　引自 http：//www. beccod. com.

图 3－18　组图中有 2 幅引自《广州文物普查汇编——荔湾卷》。

图 4－3　引自《广州文物普查汇编——荔湾卷》。

图 4－5　引自夏世昌，莫伯治《岭南庭院》。

图 4－12　潘刚儿先生供稿。

图 4－19　引自《魅力荔湾》。

图 4－20　引自佛山清华文博古建研究所测绘图集。

图 6－7　引自林琳《广东骑楼》。

如有漏记图片摄影者，请与作者联系；作者在此表示感谢。其他图片为杨宏烈、胡文中所摄，以及潘广庆自 20 世纪收集的历史照片。

附：西关大屋辞解

1. 平面设计构造

西关大屋　主要指于清末民初，在继承广府地区“三间两廊”院落式民居建筑基础上，建立在商埠文化繁荣的广州西关城市拓展区，为适应亚热带气候与多水环境，吸收中外建筑文化精髓，供庞大富裕家族居住生活而营造的传统民居，是广府建筑领域颇具影响的民居建筑形式。

西关角　广州西关地区靠西边的一个角落地段，东起文昌桥、大观桥，西至泮塘、昌华园旧址一带。因十三行外贸活动使西关持续繁荣，西关角成了当时商贾和封建贵族争相营建西关大屋的居住区。

住家林　即西关大屋居住区，因该区商号少、环境幽静、适宜居住，素有住家林之称。清末竹枝词云：“大观桥下水潺潺，大观桥上路弯弯。侬家自爱桥西住，夜夜桥东带月还。”（叶廷勋：《广州西关竹枝词》十首之一）。住家林，“桥西”是也。

更楼　西关大屋乃对街并列式排列，有的首尾通街。清末形成花岗岩石板街巷近似棋盘状格局，为安全起见于街巷出入口设栅闸及更楼守卫。

古老大屋　凡双开间以上、以青砖石脚为特征的旧民居，统称为古老大屋。以青砖石脚为特征的西关大屋分为两大类：一是清末古式，全为砖木结构，1 ~2 层，坡屋顶；二是民国后仿古式大屋，结构有砖木结构、混合结构，坡屋顶或平屋顶。前者又分三边过、五边过、九边过不等。

三边过　平面呈三开间大屋，常一正两偏对称布置。正间宽度常为 17 坑或 19 坑，以木桁条长度为限。

五边过　五开间，原有此类西关大屋，占地 1 000 平方米以上，屋旁、屋后带有花园，园中立有亭、榭等园林建筑小品，带有江南园林大宅样式。

坑　古老大屋建筑模数，指屋面一块瓦片的宽度（23～24 厘米）。17 坑即为 17 块瓦的总宽度，常取单数。传统术数有所谓“生、老、病、死、苦”五字的循环排列，11 坑和 17 坑分别排在“生”、“老”的位置上，预示住房吉利。

八字尺　《工段营造录》称八字尺，江南沿海称鲁班尺。其中有“财、病、离、义”等内容。与“坑”相仿，合奇数吉祥。

一偏一正　只有正间的一边设偏间。

一进　以一个“金”字屋顶所形成的纵向深度为“一进”（深）。

开间　四柱之间的面积为间。正面两柱之间或承重墙与靠最近的一根柱间的距离为一个开间，或指檩条搁置跨度间之宽为面阔，建筑物开间之和为通面阔。

正间　三开间正中的开间为正间，两侧的开间叫偏间或书偏。偏间与邻间留出 1. 5～2 米的通道，叫青云巷。

偏厅　从正间轿厅两侧门进入即为偏间头厅，又叫偏厅。

正间布局　从正门入口，依次为门厅（门官厅）——轿厅（茶厅、小天井）——正厅（大厅、头厅或神厅）——主房（头房、长辈房）——二厅（饭厅）——尾房（最后的二房）——天井（采光通风）。

偏间布局　左右对称。偏厅向前方的房即为书房，俗称倒朝房；向后依次为头房——梯间——偏厅二厅——二房——厨房。偏厅与正间的联系，为正厅、二厅及尾天井处设横门联通。

青云巷　西关大屋偏间侧墙与自身外围墙或另一大屋的外墙或偏间连续的封火山墙之间设置的长长巷道（有的是一个死胡同）。因地势一般前低后高，寓意“平步青云”，故名。其功用很多，有时又称火巷、水巷。

冷巷　广州地区常指偏间、竹筒屋、眼镜房之类室内长过道。因处于两个大型空间之中，气流加速，比房间还要通风凉爽。

金字顶　每一个厅之屋面呈双坡顶。每一个“金字顶”叫一“进”。西关大屋由多“进”组成。

缩藏　正间前墙形成半“回”字形门口或凹字形门口的做法。

门官厅　看门人坐立的地方，因装有门官神位而得名，常设天官和土地神。厅后中门四扇，贵客来访才开启。

轿厅　主人上、下轿的地方，临时停轿、备茶的场所。

正厅　于全屋正中部，面积最大、屋脊最高，供奉祖先牌位和大家庭聚集议事的地方，故又称神厅。正厅后面是头房，又叫神后房，是大家庭中最年长的长辈居所。

二厅　一家人用膳的地方，厅后房间叫二房，又名尾房，中轴线上最后一个房间，习惯后墙不开窗，避北风、避视线干扰，更怕散气、漏气、漏财。

书偏　正间一旁的偏厅，有书房、卧室、楼梯间等，基本上左右对称。书偏最后部分为煮食用的厨房。

天井　厅与厅之间露天或半露天的空间，地面较厅堂室内地面低，用石材或大阶砖铺砌，用于汇水、排水、纳阳、采光、通风、换气、排烟，种植花木、设置供石、蓄水缸（用于消防养殖），以及行人通道、开展某些活动的场所。半露天式指天井上方设有小型屋盖，四周边设有侧窗（又叫水窗）的天井。广府人喜欢方正的天井平面，大的4~5米见方，小的2米见方。广府人祭祖必拜当天，常设“天官赐福”神位。

通天　正间太深采光不足，以设通天辅助。此处楼面、地面上下贯通，屋面常铺亮瓦或设天窗，形成采光井。但地面并非可承接雨水，有排水、渗水功能之天井构造，故须避雨水飘淋。

小庭院　门官厅的右手边的书偏小庭院，正对敞厅，营造主人读书教子的幽雅环境。

倒朝房　偏厅前面临街处的房间，通常作为宾客的临时用房。

平天台　倒头房顶部是一个带有女儿墙的露台，俗称平天台。清沈复《浮生六记》载“过佛山镇，见人家墙顶多列盆花”，即为平天台一景。日常晾晒、乘凉、栽花、养鱼以及七夕乞巧和中秋赏月等活动，均可在天台进行。

2. 立面设计构造

回字缩藏　缩藏出檐造成平面成凹形门廊效应。立面正间退入呈“口”字形与整个墙体组成半“回”字状，故名。

花茬　门廊檐下搁吊着的一块雕刻花鸟带状图案的木封檐板，俗

称花荏。

大门洞　入口宽度常为开间的1/3，工匠制式有四尺二、三尺六、三尺二、二尺八（九五尺：1 尺 =0. 352 8 米）四个规格。门洞高约为宽度的 2. 5 倍。

三件头　西关大屋主入口必须配造的脚门、趟栊、实心木板门，称为三件头，总体习称趟栊门。

小三件头　书偏两旁的青云巷的檐口处一般做有压檐的砖砌灰批小花脊或洋式瓶形栏杆女儿墙，入口处设有类似正门的小三件头。

石门套　门洞周边镶有带精美线脚的白花岗石洞线。上为石门楣及额石（照镜石），下为石地伏（门槛）、门口石（撑甲），门斗石俗称睡斗石。常用连州产青色花岗石料（俗称连州青），与青砖相配和谐优美。

脚门　最外边四扇对开两折门，高约 1. 7 米。折叠时紧靠墙角，不妨碍行人。关上时隔断干扰视线，上部仍可通风。主人可以从门内看清来客和对话。脚门的通花格孔分拉通花和斗芯花。门轴上斗雕刻葡萄串或松鼠石榴花。

趟栊　趟（平声），作动词，能来回滑动之意；栊，有帘栊、栅栏二意。趟栊为滚动栅栏构件，高宽约同门洞。有金属导轨和滚轴，其他皆木料制作。横排圆木条径 5 ~6 厘米，每条间距约 15 厘米，多为 13、15、17 条组成。最上的两条固定作导轨，其余的前后用木卡板连接作水平移动开关，后部装有竖插销和小铜铃，移动时铃响。趟栊关而不闭，防盗通风。

木大门　主要关防设施。常选杉木、东京木或坤甸木，硬实且重，厚 4 ~5 厘米，用硬木门闩及铁链关锁。铜门环多做成叠菊或云形，甚少用兽面形。门扇外皮上部常贴有年画或红纸金字“文丞”、“武尉”以造气氛。

墙裙　前墙的石脚，高 80 厘米左右，近地面处凸出 2 厘米一级方线脚。墙裙相传来自北方须弥座的简化，起防水、免墙体溅湿生苔之弊。

青砖石脚　各承重墙结构均以花岗岩墙基上砌青砖，达到防水保护墙体作用。正立面外墙，按惯例贴上一层单隅墙的绿豆青水磨大青砖和白色花岗石板墙裙，俗称青砖石脚。

光砖法　西关大屋青砖门面（前墙）做法之一。用色近绿豆皮色的细砖（长 24 厘米）“东莞小青”，将砖的上下面凿出中部凹面，留下长边外缘 1 厘米平位，按规则磨成六面方砖（北方人称“斧刃砖”），使用一种用木槌椿打过的熟石灰膏（不含沙粒）叠砌，灰缝细至 1 毫米以内。

壁上磨　西关大屋青砖门面（前墙）做法之一。用东莞大青砖（257×100×63 毫米）、熟石灰膏砌墙，再用与砖色相同灰膏填平砖缝，然后于墙上整体磨平，将灰缝勾出凹痕画上白色砖缝线。

双隅砖墙　因砖长 240 毫米，厚 90～100 毫米，砌墙时西墙间常有 40～60 毫米的空气间层，所谓“双隅砖墙”却常作外部、内部的承重墙。

蚝壳墙　次要墙体可用蚝壳代替砖块砌墙，叫蚝壳墙。砌墙时用铁线先把蚝壳穿成一串串，然后用石灰浆或蚬壳灰浆砌结。唐代刘恂《岭表录异》描写广州土人“惟食蚝蛎，垒蚝壳为墙壁”。除砌墙外，蚝壳还可砌筑水井，疏水过滤效果好。

屋顶　双坡屋顶在硬山墙上按 1∶2（“四分水”）搁置圆杉桁条，其水平相距 500 毫米，桁条上放 20～30 毫米厚的木桷板，然后先铺底瓦（又名衬瓦）一层，再铺搭七留三绿筒瓦。

屋尾花　室外硬山顶的山墙部分，一般习惯沿屋面两边坡度画上一条宽约 300 毫米的黑底白花的卷草彩画，其中白花部分为灰批浮雕，俗称“扫乌烟，画草尾”，又名屋尾花。

博古脊　像博古架漏空曲折变化的屋脊，多位于正脊的两端靠近山墙处。当然其他脊也有做成博古脊的，博古段样式段也多在两端。

龙船脊　这是宽度和高度较小，造型较为光洁，有类似龙船侧面动感流畅曲线，两端翘起的正脊。翘起部分有时又称“鳌尖”，“鳌尖”自然用的地方就较多些。

中堆　正脊中间利用瓷罐、瓷瓶、瓷碗及灰塑等构件垂直堆砌垫高、用铁杆串连而成的一种脊饰造型组合。民居用得不多，二龙戏珠是纪念性建筑常用的题材。

镬耳山墙　像弧形官帽或镬耳的山墙，按“金、木、水、火、土”样式，有如“金星”山形封火山墙。外墙必须高出瓦面许多，方能起到防火作用。南方为避暑热、挡烈日，房屋靠得较近，易受火灾

影响，故特别注重封火山墙。其神态巧妙、变化多端，另有人字形、五岳朝天式、猫拱式（拉弓式）、复合曲线式、一颗印式等之分。

3. 室内设计构造

楼面 用杉木或硬木格栅伸入墙内承重，楼板底部习惯扫浅灰绿色油漆。楼板中间留有采光井，用疏木条（20×30 毫米）铺挡井口，净距 20～25 毫米。讲究的在格栅下面钉上一层薄木板天花。沿墙楼板有的设镂空花边图案。

地面 河沙座砌一种陶质正方形白泥大阶砖，砖缝呈 45°布置。白泥大阶砖用优质田泥制作，规格 460×460×35 毫米，有吸湿吸潮特性。

水为财 天井、厨卫地面及青云巷排水口常用大阶砖雕和石块凿成外圆内方金钱状。

争单不争双 民间流行《鲁班经》云：“论开门步数，宜单不宜双。”广州话“双”与“伤”同音，故忌讳也。

板门 刘致平先生是这样解释的：“有棋盘门，即先用边挺大框做成框架，然后装板”，看起来像棋盘，故名。较好的做法是镜面板门，光平无缝，不起任何线脚。最简单的是用楼板拼成，背后用三数根横撑钉起。

屏门 即隔扇门，有门槛。通常连续布置 6 扇占满一个开间。屏门的门扇上部常做木雕通花或装上可开启的彩色玻璃窗以达到通风采光的目的。

横门 设在书偏与正间、青云巷之间的门叫横门，由四个小门扇组成对开折板门，总宽度 1 米左右。开启时每个小门扇构成直角，刚好折平门洞阳角；关闭时折扇企口缝封闭严密。门头上部常有横匾、壁画、砖雕之类的装饰，颇有韵味。

档中 即设在门（官）厅后部或两根立（檐）柱间的一道大屏门。重要时刻大开此门迎宾、出行以示隆重，一般情况下，人们绕过档中从两侧出入，平时关闭起到屏风遮挡门外视线的作用。

横楣 屏门、档中上方由企枋嵌构的横向隔板。

蝴蝶窗 半圆形带有蝴蝶图案窗棂的彩色玻璃窗，边框为弧形灰批模线。这很明显是受西方影响的模式。

满洲窗 西关大屋最富有特色的装饰之一。表面看来类似北京支摘窗和苏州的和合窗，实际上支摘窗与和合窗多呈矩形，而满洲窗多呈正方形。构造上，满洲窗上下提动，软钢片弹簧小五金零件可承托窗扇于任意位置，有利于开启通风。木棂构图“斗心”镶着蚀刻玻璃，上面绘制有各色图画、图案或书法作品。蔡德道先生认为，满洲原指东北地区，泛指岭南以北。北方嵌有细木窗棂拼花图案的窗户，一般裱糊一层透亮薄纸，后有用贝壳镶嵌采光。出现透明玻璃和彩色玻璃之后，广州地区大量使用由满洲（旗）人带来的，镶嵌有彩色花纹玻璃的北方木棂窗扇。开启方式常有平开，以窗扇中心为轴的旋转较多。汤国华认为满洲窗乃镶满一面墙体的大窗，便于随处开启。

天窗　在坡屋顶上的窗子，靠垂吊下来的绳子拉动启闭。窗棂用40×29毫米莎木条，嵌上半透明的云母片明瓦（瓦带净宽45毫米）做窗扇，再配有滑轮和木轨道。明瓦是透光的玻璃瓦，可与天窗配合使用。

花罩　划分两个室内空间或区分室内、室外空间的分界饰物。常设在厅堂、书房等处，又分落地罩和不落地的飞罩。制作上分有“洒金通雕”、斗心镶彩色玻璃、木刻钉凸等多种。精美纤巧、玲珑浮凸，构图多样、款式优美。大厅前近天井处的花罩常叫“花楣挂落”，花楣用木板拉花透雕，呈冰纹、海棠、回纹万字等图案，空格处镶套色玻璃或云母、贝壳；花楣中央有卷书匾额题字。从厅中看花楣，透过天井光照，色彩绚丽。花楣两边垂下一人身高（也可垂至地面，曰“落地罩”）。

企阳　为加强大厅与天井的分隔气氛，除了花罩，大厅前另配两扇木门，叫企阳。

神楼　像古典戏剧舞台的镜框式神龛，正面凹入约1.2米，旁边有小门，供人进入收拾摆设点灯烧香。神楼做有木雕花罩，多为单层，富有者2～3层拉花透雕。花纹多为葡萄、石榴、兰、桂、松、竹，寓意“兰桂腾芳”、“万古长青”。上部楣板中雕有火焰日轮，下部有木雕精致的台层，有的雕刻还贴上金箔。

红木家具　利用从东南亚进口、性坚质细的优等红木，如紫檀、酸枝（黄花梨）、花梨坤甸等制作的家具，尤以前两者最为名贵。传统家具式样常分明式与清式，明式线条简练流畅、气质典雅大方，清式多施雕琢，富丽华美。

八仙枱　厅堂后部、屏门前面，一般摆有一张长 2 米、宽 0.4 米、高 1.05 米的长案（又称长枱、桥枱），长案正中前面再摆上一张方枱 ——“八仙枱”，左右对称各置一把宫坐椅，供男女主人专用。靠墙对称摆列四几八椅——俗称“八仙椅”。

釉鼓墩　石湾生产的上釉陶质鼓形座器。

正梁　大厅瓦面正脊下的大梁。安装要择吉日、选工人，梁木大头要向东方，给大梁悬挂红布，自有一套程序。

整堂　以上这种轴对称厅堂摆设号称“整堂”或“满堂”。

轿厅摆设　轿厅中部除供上下轿用外，两侧亦对称放置宫坐式“四几八椅”。

螺钿镶嵌　西关大屋其他房间常见家具有书枱、书柜、博古架、茶柜枱、太师椅（躺椅）、高低几、贵妃床、罗汉床、大圆几（圆桌）、圆马胡（圆凳）、长方马胡（长方凳）等。有些家具面上常镶砌云浮产大理石（俗称云石），或嵌上海边产五彩贝壳的则称为螺钿镶嵌。

4. 建筑装饰构造

装饰符号　道教的八仙、暗八仙，佛教的万字符、吉祥花卉、动物、历史故事题材的图画。

宝瓶栏杆　木质、陶质或混凝土质的宝瓶式竖置栏杆。

木子条　室内扶手栏杆下竖向设置的木质雕花栅条。

扁铁通花　西式装饰金属构建。

窗楣　窗楣即窗框上的横木，可以理解为窗过梁，也有做成拱形的。古建筑在该部位多做木雕、砖雕、石雕等装饰。

门龛　门厅有门神，往往设有凹入墙内之神龛供奉，免不了烧纸、点香，烟雾缭绕；过去还有放爆竹的现象。

花局　小型偏置庭院集盆栽、花池、鱼缸、壁雕、景窗、书画等艺术手法于一体，自娱自乐的微型景观空间。

虾公梁　为设在主立面石柱与石柱、石柱与山墙之间的石质曲梁，相当于木结构的额枋或檐枋，着重起联系梁作用，因需防雨，用石质较为合适。

金鱼水口　屋面雨水经天沟收集后从山墙外侧做成金鱼状的出水口排出，其水口即为金鱼水口。

明标暗拱　外装饰不表现内部受力构件（如拱）真实“力”感的处理手法。

八字草尾　“人”字式山墙的一种卷草花纹装饰图案。

参考文献

［1］本书稿在写作过程中参考了中国民意调查网、中国民居广州建筑（http：//zh. wikipedia. org/wiki/）、新民晚报·新民网、中国新闻网、南方网等有关网站之下列一些文章或文件：

^ 广州：近代骑楼街的发祥地

^ 广东民政历史大事

^ 广州近代城市规划历史研究

^ 旧城改造与文化传承　骑楼街与2/3老字号消亡

^ 关于公布实施《广州历史文化名城保护条例》的通知

^ 广州市"上下九"传统骑楼被拆的背后

^ 广州城市总体规划

^《广州市城市规划审批技术标准与准则（建筑篇）——试行稿》

^ 庄士敦道60－66号

^ 深读指引：旧城改造与文化传承之广州检讨1

^ 香港70幢"大骑楼"可能活化

^ 广州骑楼中西合璧以传统审美观融入西方建筑文化

^ 茅岗水上建筑遗址

［2］陆元鼎．岭南人文·性格·建筑．北京：中国建筑出版社，2005．

［3］吴庆洲．广州建筑．广州：广东省地图出版社，2000．

［4］马建勋．圆点哲学．广州：广东人民出版社，1998．

［5］简明不列颠百科全书．北京：中国大百科全书出版社，1986．

［6］陈志华．外国建筑史．北京：中国建筑工业出版社，1979．

［7］杨廷宝，戴念慈．建筑、园林、城市规划．北京：中国大百科全

书出版社，2004.
[8] 杨宏烈. 岭南骑楼建筑的文化复兴. 北京：中国建筑工业出版社，2010.
[9] 西关逢源街办事处. 西关逢源. 广州：华南理工大学出版社，2006.
[10] 钟俊鸣，曾宝权. 走进西关. 广州：广东人民出版社，2001.
[11]《荔湾魅力》编委会. 荔湾魅力. 北京：中国旅游出版社，2009.
[12] 林琳. 广东骑楼. 北京：科学出版社，2006.
[13] 陈泽弘. 岭南建筑志. 广州：广东人民出版社，1999.
[14] 广州市荔湾区地方志编纂委员会办公室. 别有深情寄荔湾. 广州：广东省地图出版社，1998.
[15] 罗雨林. 荔湾风采. 广州：广东人民出版社，1998.
[16] 陆琦. 岭南造园文化与审美. 北京：中国建筑出版社，2005.
[17] 汤国华. 岭南湿热气候与传统建筑. 北京：中国建筑工业出版社，2005.
[18] 张复合. 中国近代建筑研究与保护. 北京：清华大学出版社，2006.
[19] 阮仪三，王景慧，王琳. 历史文化名城保护理论与规划. 上海：同济大学出版社，2004.
[20] 黄佛颐. 广州城坊志. 广州：广东人民出版社，1994.
[21] 广东省立中山图书馆. 羊城寻旧. 广州：广东人民出版社，2004.
[22] 杨宏烈. 城市规划问答实录. 北京：机械工业出版社，2008.
[23] 陈泽弘. 广州话旧——羊城今古精选. 广州：广州出版社，2002.
[24] 陆元鼎. 中国民居建筑. 广州：华南理工大学出版社，2003.
[25] 荔湾区文物普查汇编编纂委员会. 广州市文物普查汇编——荔湾区卷. 广州：广州出版社，2007.
[26] 中山大学岭南考古研究中心. 岭南考古论文集 1. 广州：岭南美术出版社，2000.
[27] 广州市文物管理委员会. 广州出土汉代陶屋. 北京：文物出版社，1958.

[28] 广州天河区文化局. 广州市天河文物志. 广州：广东人民出版社，1994.

[29] 潘刚儿等. 广州十三行之一——潘同文（孚）行. 广州：华南理工大学出版社，2006.

[30] 潘广庆. 广州历史文化名城特色——十甫路、下九路商业步行街与骑楼建筑. 南方房地产，2000（6）.

[31] 林冲. 广东近代骑楼发展原因初探. 华中建筑，2001（5）.

[32] 彭长歆，杨晓川. 骑楼制度与城市骑楼建筑. 华南理工大学学报（社会科学版），2004（8）.

[33] 李颖，刘云亚. 广州骑楼街的保护与发展. 城市规划会刊，2002（1）.

[34] 林冲. 骑楼型街屋的研究. 华南理工大学硕士学位论文，1999.

[35] 黄翔. 广州旧城区商业街道步行空间的改造. 华南理工大学硕士学位论文，1990.

后　记

《西关大屋与骑楼》是作者老早就想探索的课题。虽然时间紧迫，从接受任务到交书稿不足两个月时间，但在暨南大学出版社的鼓励下，我们终于完成了初稿。紧急之中难以全面、深刻地加以推敲整理，难免错漏，实为憾事。不过作者与责任编辑深知："西关大屋与骑楼"是个常议常新的话题。现在献给大家的这本小书是我们长期思索和研究构想的框架，先让广大读者审视。来日方长，我们还将继续求索，努力取得新的收获，再向读者汇报。

暨南大学出版社的潘雅琴编审为本书的出版付出了辛勤的劳动，从选题、拟定目录到写作风格都给予了具体的指导和帮助。

本书选用了许多历史文献和各网站上的精美图片，因难于一一标注出处，敬请作者原谅，在此特意鸣谢！

本书作者杨宏烈，广州大学广州发展研究院旅游文化研究所所长、广州十三行研究中心副主任、建筑与城市规划学院教授；胡文中，原广州荔湾区地方志编纂委员会办公室主任；潘广庆，广州市荔湾区人大城建工委委员、原市房地产学会副秘书长。特此敬请读者批评指正，不胜感谢。

著者

2011 年 8 月